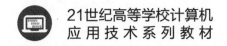

21世纪高等学校计算机
应用技术系列教材

上海市高等学校
信息技术水平考试（一级）

（大学信息技术+数字媒体基础)学习指导与习题精解

任小艳 宋晓波 主编

U0360040

清华大学出版社
北京

内 容 简 介

上海市高等学校信息技术水平考试是全市高校统一的教学考试,旨在检测和评价高校信息技术基础教学水平和教学质量,规范和加强高校的信息技术基础教学工作,以提高学生的信息技术应用能力。

本书根据上海市教育考试院发布的新考试大纲,解析上海市高等学校信息技术水平考试(一级)(大学信息技术＋数字媒体基础)的考试题型和重要知识点,专门对操作题进行训练。全书共 8 章,涵盖信息技术基础知识、操作系统、办公软件处理、网络基础、数字媒体基础知识、图像处理、动画制作、网页设计等考点知识。

图书在版编目（CIP）数据

上海市高等学校信息技术水平考试. 一级：大学信息技术＋数字媒体基础：学习指导与习题精解 / 任小艳，宋晓波主编. -- 北京：清华大学出版社，2025. 1. -- (21 世纪高等学校计算机应用技术系列教材).
ISBN 978-7-302-68021-5

Ⅰ. TP3

中国国家版本馆 CIP 数据核字第 20252V0N97 号

责任编辑：陈景辉
封面设计：刘　键
责任校对：刘惠林
责任印制：曹婉颖

出版发行：清华大学出版社
　　　　网　　　址：https：//www. tup. com. cn，https：//www. wqxuetang. com
　　　　地　　　址：北京清华大学学研大厦 A 座　　　邮　　编：100084
　　　　社 总 机：010-83470000　　　　　　　　邮　　购：010-62786544
　　　　投稿与读者服务：010-62776969，c-service@tup. tsinghua. edu. cn
　　　　质量反馈：010-62772015，zhiliang@tup. tsinghua. edu. cn
　　　　课件下载：https：//www. tup. com. cn，010-83470236
印 装 者：小森印刷霸州有限公司
经　　销：全国新华书店
开　　本：185mm×260mm　　印　张：10.5　　　　　　字　　数：241 千字
版　　次：2025 年 1 月第 1 版　　　　　　　　　印　　次：2025 年 1 月第 1 次印刷
印　　数：1～1500
定　　价：49.90 元

产品编号：104748-01

前 言

上海市高等学校信息技术水平考试(一级)(以下简称为"一级考")(大学信息技术＋数字媒体基础)的考试目标,是测试学生对信息技术基础知识和数字媒体基础知识的掌握程度,以及应用信息技术解决问题的能力,以使学生跟上信息技术的发展步伐,适应新时代和信息社会的需求。考试能提高高校教学质量,使教学符合上海市教育委员会对大学信息技术课程的要求,即显著提升大学生的信息素养,强化计算思维,培养解决学科问题的能力,并为后续专业课程的信息技术融合应用打下基础。本书是根据上海市教育考试院制定的《上海市高等学校信息技术水平考试大纲》编写的。

本书主要内容

全书共分为两部分,共 8 章。

第 1 部分大学信息技术,包括第 1～4 章。第 1 章信息技术基础,包括信息技术基础理论知识点、以往一级考中考查过的典型试题分析以及根据考纲要求设计的试题荟萃。第 2 章数据文件管理,以 Windows 10 为平台,包括数据文件管理部分的理论知识点、典型试题分析和重点难点操作、试题荟萃。第 3 章办公软件,重点讲解 Microsoft Office 2016 中 Word、Excel、PowerPoint 3 个软件考级大纲中要求的重点难点操作。第 4 章计算机网络基础,包括计算机网络基础理论知识点和一级考中常见的典型操作题型分析。

第 2 部分数字媒体,包括第 5～8 章。第 5 章数字媒体基础,包括数字媒体基础知识点、对一级考中常见的数字媒体部分多个知识单元进行典型试题分析。第 6 章数字图像,以 Photoshop CC 2015 为例,重点分析图像处理技术的考点并提供拓展练习题帮助学生熟练掌握考纲中的重点难点操作。第 7 章动画基础,以 Animate CC 2017 为例,用典型练习题帮助学生掌握动画制作的常见操作点,用拓展练习加强学生对考点的灵活综合掌握。第 8 章网页制作,以 Dreamweaver CC 2018 为例,用典型练习题对网页中的主要操作点进行有针对性的讲解,用拓展练习题对学生进行强化训练。

本书特色

(1) 紧扣考纲,理实一体。

每章都包含相关考纲表格,帮助学生明确该部分的知识领域、知识单元、知识点和考级要求。全书对理论知识点进行了综合分析,通过案例讲解和扩展练习,逐步解释和探讨本章内容的重要概念和重点难点操作,旨在帮助考生熟悉题型并熟练操作。

(2) 突出重点,强化理解。

本书结合作者多年的教学经验,针对考级要求和学生特点,突出重点、深入分析,对典型试题给出详细的步骤提示,鼓励考生主动探索,解决难题。

（3）风格简洁，易于使用。

对非重点内容不做过多阐述，针对考纲知识点进行有针对性的讲解，通过基础练习解析典型试题，通过扩展练习强化重点难点操作，减轻学生的学习压力，明确目标以掌握考试重点。

配套资源

为便于教与学，本书配有案例素材、考试大纲。

（1）获取案例素材、考试大纲和彩色图片方式：先刮开并用手机版微信 App 扫描本书封底的文泉云盘防盗码，授权后再扫描下方二维码，即可获取。

案例素材   考试大纲   彩色图片

（2）其他配套资源可以扫描本书封底的"书圈"二维码，关注后回复本书书号，即可下载。

读者对象

本书主要面向参加上海市高等学校信息技术水平考试（一级）（大学信息技术＋数字媒体基础）的考生，以及从事高等教育的专任教师。

本书主编为任小艳和宋晓波。第 1 章、第 5 章～第 8 章由任小艳编写，第 2 章～第 4 章由宋晓波编写。

在编写本书的过程中，作者参考了诸多相关资料，在此对相关资料的作者表示衷心的感谢。限于个人水平和时间仓促，书中难免存在疏漏之处，欢迎广大读者批评指正。

作　者

2025 年 1 月

目　录

第 2 部分 数 字 媒 体

第 **1** 部分　大学信息技术

第1章 信息技术基础

信息技术(Information Technology,IT)是指用于管理和处理信息的各种技术的总称。它利用计算机科学和通信技术设计、开发、安装和实施信息系统及应用软件,涵盖传感技术、计算机与智能技术、通信技术和控制技术等领域。信息技术的广泛应用推动着世界各国加速信息化进程,而对信息化的巨大需求又推动了信息技术的快速发展。掌握信息技术的基础知识和基本操作对学生的知识结构、技能提升和智力开发至关重要。本章内容以理论题形式为主,重点考查学生对概念的理解和掌握程度。

1.1 信息技术基础理论知识点

信息技术基础理论知识点及考级要求如表 1-1 所示。

表 1-1 信息技术基础理论知识点及考级要求

知识领域	知识单元	知识点	考级要求
信息技术基础	信息技术概述	信息技术发展历程	理解
		现代信息技术内涵	理解
		计算机的发展及趋势	理解
		信息技术的发展趋势	知道
	计算机系统	通用计算机系统	理解
		嵌入式系统	理解
		智能手机系统	理解
		信息在计算机中的表示与存储	理解
		软件和软件系统	理解
	计算思维	计算思维概述	理解
		计算思维的本质	理解
		计算思维与计算机的关系	理解
		计算思维的应用领域	知道
	新一代信息技术	云计算	知道
		大数据	知道
		人工智能	知道
		数字媒体	知道
		物联网	知道

续表

知识领域	知识单元	知识点	考级要求
信息技术基础	新一代信息技术	5G	知道
		区块链	知道
	信息安全与信息素养	信息安全、计算机安全和网络安全	理解
		常用信息安全技术	理解
		信息社会的道德伦理要求	理解
		信息素养	理解

下面分别对各知识单元中知识点的重点考点进行分析。

1.1.1　信息技术概述

1. 人类社会赖以发展的三大重要资源是物质、能源和信息。——常见是非题

2. 古代信息技术是以"文字记录"为主要的信息存储手段。——常见选择题

3. 现代信息技术主要包含五大内容：信息获取技术、信息传输技术、信息处理技术、信息控制技术和信息存储技术，其中核心部分是信息传输技术、信息处理技术和信息控制技术，也就是所谓的"3C技术"。——常见选择题或是非题

4. 信息技术是在信息处理中所采用的技术和方法，也可以看作扩展人的感觉、记忆等功能的一种技术。——常见选择题

5. 计算机的发展主要有四代：第一代电子管计算机、第二代晶体管计算机、第三代集成电路计算机、第四代大规模和超大规模集成电路计算机。——常见选择题

6. 计算机朝着微型化、高性能化、智能化的方向发展，一些新型计算机研究也在进展之中，如超级计算机、纳米计算机、光子计算机、生物计算机、量子计算机等。——可考选择题

1.1.2　计算机系统

1. 计算机由控制器、运算器、存储器、输入设备、输出设备五大部分构成。——常见选择题

2. 把运算器和控制器制作在同一个芯片上，这个芯片被称为"中央处理器"，也就是俗称的CPU。——常见是非题

3. 现代计算机的存储器一般分为内存和外存，其中外存内的数据不能直接被CPU存取。——常见选择题

4. 计算机的存储器呈现出三层结构的层次形式，其中位置最靠近CPU的是高速缓冲存储器（Cache），它的设置是为了解决CPU与内存之间速度不匹配的问题。——常见选择题或是非题

5. 计算机内部采用的是二进制编码，任何信息在计算机内部都是用0和1来表示的。二进制的单位是位（bit），存储容量的基本单位是字节（B，byte），1字节含8位（1B＝8bit）。比字节大的单位依次是KB、MB、GB、TB、PB、EB、ZB等，分别是前面单位的1024

倍。例如：1KB＝1024B,1MB＝1024KB,1GB＝1024MB,以此类推。——常见选择题或是非题

6. 西文字符在计算机中用 ASCII 码作为国际通用的标准编码,放在 1 字节中;汉字目前在我国国内普遍采用的是两字节编码法。——常见选择题

7. 程序是由一系列指令构成的。所谓指令,是计算机硬件能够识别并可直接执行的操作命令。计算机的机器指令一般由操作码和操作数两部分组成。——常见是非题

8. 计算机的设计采用总线结构。按照计算机所传输的信息种类,计算机的总线可划分为数据总线(专门传输数据)、地址总线(专门传输地址信息)和控制总线(专门传输控制信息)。总线是计算机中各个组成部件之间相互交换数据的公共通道,总线的性能影响到计算机的性能。——常见选择题或是非题

9. RS-232-C 和 USB 都是串行端口,USB 4.0 的数据传输速率可达 4.0Gb/s。另一个可用于高速传输数据的串行接口标准是 IEEE1394,其数据传输速率最高可达 3.2Gb/s。——可考是非题

10. 计算机系统是由硬件系统和软件系统组成的。软件分为系统软件和应用软件,其中操作系统、程序开发软件等属于系统软件。——常见是非题

1.1.3 计算思维

1. 计算思维是运用计算机科学的基础概念进行问题求解、系统设计以及人类行为理解等涵盖计算机科学之广度的一系列思维活动。——常见选择题

2. 人类的科研活动中,三大思维能力是指实验思维、理论思维和计算思维。——常见选择题

3. 从思维的角度看,计算科学主要研究计算思维的概念、方法和内容,并发展成为解决问题的一种思维方式。——常见选择题

4. 计算思维有 6 个特征:是概念化的抽象思维、是根本的技能、是人的思维方式、是数学和工程思维的互补与融合、是思想而不是人造物、面向所有人和所有地方。——常见选择题

5. 计算思维的本质是抽象和自动化。——常见选择题

6. 计算思维具有计算机学科的多种特征,它在计算机科学中得到充分体现。但是计算思维本身并不是计算机的专属,它的有些内容与计算机学科没有直接关联。——常见选择题或是非题

7. 计算思维中的抽象超越物理的时空观,可以完全用符号来表示。——常见选择题

1.1.4 新一代信息技术

1. 云计算的特征主要为超大规模、高可扩展性、虚拟化、高可靠性、通用性、廉价性、灵活定制。——常见选择题

2. 目前公认的云计算架构可划分为基础设施层(IaaS)、平台层(PaaS)和软件层(SaaS)三个层次。——常见选择题

3. 云计算技术是对并行计算、分布式计算和网格计算技术的发展与运用。——常见是非题

4. 云计算的主要技术有虚拟化技术、分布式海量数据存储技术、海量数据管理技术及云安全、并行编程模式以及云计算平台管理等技术。——常见是非题

5. 大数据具有 4 个特征：数据体量巨大、数据类型多样、速度快、价值密度低而应用价值高。——常见选择题

6. 大数据技术主要包括预处理技术、存储技术、计算技术、分析技术、挖掘技术、可视化技术和安全技术等。——可考选择题

7. 人工智能的主要技术有搜索技术、机器学习、人工神经网络、自然语言处理。其主要应用于问题求解与博弈、逻辑推理与定理证明、专家系统、模式识别、智能机器人、机器翻译、自动驾驶等领域。——可考选择题

8. 数字媒体是指以二进制的形式获取、记录、处理和传播信息的载体。——常见是非题

9. 动画与视频是利用人眼的视觉暂留特征的数字媒体。——常见是非题

10. 人机交互新技术有虚拟现实（VR）、增强现实（AR）、混合现实（MR）、幻影成像、无线传屏等。——常见选择题

11. 物联网应用中的关键技术包括射频识别技术（RFID）、传感技术、嵌入式技术。其中，RFID 是物联网的基础技术，可以获取物体的状态信息和外部环境信息。RFID 阅读器是读取数据信息的关键器件。——常见选择题

12. 物联网传感器既可以单独存在，也可以与其他设备连接。它在感知层中具有两方面的作用，一方面是识别物体，另一方面是信息采集。——常见是非题

13. 随着物联网的发展，传感器也越来越智能化，不仅可以采集外部信息，还能利用嵌入的微处理器进行信息处理。——常见选择题

14. 物联网的体系框架包括感知层、网络层和应用层。——常见选择题

15. 物联网主要具有 3 个特征：互联网特征、识别与通信特征、智能化特征。——常见选择题

16. 第五代移动通信技术（5G）是最新一代蜂窝移动通信技术，主要应用有 VR 全景直播、5G 智能工厂、5G 自动驾驶、5G 智能电网、5G 超级救护车、5G 远程教育、5G 智慧农业、5G 养老助残等方面。——常见选择题

17. 区块链是指通过去中心化和去信任的方式集体维护一个可靠数据库的技术方案，实现从信息互联网到价值互联网的转变。——常见选择题

18. 区块链技术的模型自下而上由数据层、网络层、共识层、激励层、合约层和应用层组成。——可考选择题

19. 区块链的主要技术有密码学技术、共识机制、智能合约。——可考选择题

20. 区块链的主要应用有金融领域、物联网领域、供应链领域和医疗领域。——可考选择题

1.1.5 信息安全与信息素养

1. 常见的信息安全技术有访问控制技术、加密技术、数字签名、身份识别技术、防火墙技术。——常见选择题

2. 身份识别技术是采用密码技术设计的高安全性协议,通常采用口令和标记两种方式。目前市场上常用的新型身份识别技术还有指纹识别、虹膜识别、人脸识别、区块链等。——可考选择题

3. 数字水印技术的作用有保护信息安全、实现防伪溯源、版权保护等。——常见选择题

4. 信息素养是信息化社会成员必须具备的基本素养,包含了对信息社会的适应能力以及信息获取、加工处理、传递创造等综合能力,以及融合新一代信息技术解决专业领域问题的能力。——可考选择题和是非题

5. 培养信息素养的核心在于终身学习,知识创新是信息素养的重要体现。信息素养与创新能力两者之间是相辅相成、互相制约、互相影响、互相促进的。——可考选择题和是非题

1.2 典型试题分析

1.2.1 进制转换

进制转换题是一级考中常见的一种题型,也是一个考试难点。要求学生在了解基本概念的前提下会用系统自带的计算器实现各进制之间的转换。

1. 基本概念

十进制:有 10 个数码,0～9,用字母 D 表示,计算器上是 DEC。

二进制:有 2 个数码,0 和 1,用字母 B 表示,计算器上是 BIN。

八进制:有 8 个数码,0～7,用字母 O 表示,计算器上是 OCT。

十六进制:有 16 个数码,0～9 和 A～F,用字母 H 表示,计算器上是 HEX。

2. 用计算器实现进制转换

【例 1-1】 将二进制数 101101B 转换为其他进制数。

解析:(1)打开"计算器"主窗口,切换到程序员模式,如图 1-1 所示。

(2)单击 BIN 按钮,切换到二进制界面,只有 0 和 1 两个数码,按照题目要求按键,输入 101101,可以得出其他进制的转换结果,如图 1-2 所示。

由图 1-2 可知,二进制数 101101B 转换为十进制数为 45,转换为八进制数为 55,转换为十六进制数为 2D。

[自我练习]

1. 十六进制数 ABCDH 转换为二进制数是_____。

2. 十进制数 155 转换为二进制数是_____。

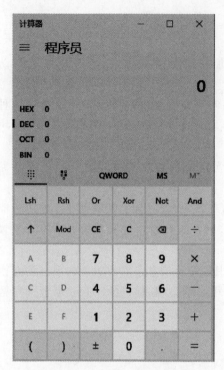

图 1-1　计算器程序员界面

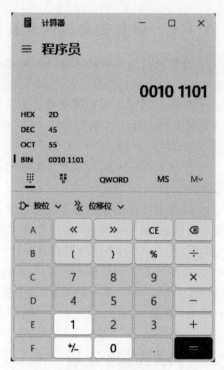

图 1-2　计算结果图

3．八进制数 7654 转换为十六进制数是_____。

4．二进制数 111101111B 转换为十六进制数是_____。

1.2.2　信息在计算机中的存储

计算机内存储信息的基本单位是字节，存放在每字节中的二进制数，不但可以用来表示数值，也可以用来表示其他各种信息。一级考中对西文字符 ASCII 编码、汉字编码、图像存储以及声音存储均有相关知识点的考题，这也是考生不易理解的考点。

1．西文字符在计算机中的存储

ASCII 码作为国际通用的标准编码，使用 7 位二进制数表示 128 个西文字符以及空格和若干个控制符。0～31 及 127 是控制字符或通信专用字符。32～126 是字符，其中 48～57 为 0 到 9 十个阿拉伯数字，65～90 为 26 个大写英文字母，97～122 为 26 个小写英文字母。ASCII 表中数字从 30H 开始，大写字母从 41H 开始，小写字母从 61H 开始，均按顺序编码。

【例 1-2】　若已知小写字母 x 的 ASCII 码值为 78H，则可推断出 v 的 ASCII 码值为_____，z 的 ASCII 码值为_____。

解析：ASCII 表中，阿拉伯数字和大小写字母都是按顺序编码。因此，若小写字母 x 的 ASCII 码值为 78H，则小写字母 y 的 ASCII 码值按顺序增加 1，为 79H；小写字母 z 的 ASCII 码值再增加 1，为 7AH。反之亦然，小写字母 w 的 ASCII 码值减少 1，为 77H；小写字母 v 的 ASCII 码值再减少 1,为 76H。

2．汉字在计算机中的存储

汉字编码的一种方法是双字节编码法,国标码是计算机汉字处理标准的基础。字符的区号和位号构成了字符的区位码,区位码的区号和位号各加 32,就是国标码。汉字在屏幕上显示和在打印机上打印用的编码称为输出码。以点阵输出为例,如果某汉字显示时用 16×16 点阵表示,则每行 16 个点,每 8 个点是 1 字节,则每一行就是 2 字节,一共有 16 行,所以需要 16×2=32(字节)来存储一个汉字的点阵信息。

【例 1-3】 若已知汉字"稳"的区位码是 4640 ,则它的国标码是_____。

解析:若区位码是 4640,区位码和区号各加 3232,则它的国标码是 7872。

【例 1-4】 若汉字以 24×24 点阵形式在屏幕上单色显示时,每个汉字的显示需要占用_____字节。

解析:如果汉字以 24×24 点阵表示,则每行 24 个点,每 8 个点是 1 字节,则每一行就是 3 字节,一共 24 行,所以每个汉字显示需要占用 3×24=72 字节。

【例 1-5】 计算机系统处理一个汉字时,正确的描述是_____。

A. 该汉字采用 ASCII 码进行存储

B. 该汉字占用 1 字节存储空间

C. 该汉字在不同输入方法中具有相同输入码

D. 使用输出码进行显示和打印

解析:ASCII 码是西文字符编码,因此 A 不对;汉字是双字节编码,因此 B 不对;汉字在不同的输入方法中输入码也不同,因此 C 不对;D 正确。

3．图像信息在计算机中的存储

【例 1-6】 在 RBG 色彩系统中,蓝色是_____。

解析:位图图像由像素点组成,每个像素点用 3 字节分别表示"红、绿、蓝"(RBG)三基色,每字节有 0~255 种编码,可以表示某种颜色的深浅,数字越大,颜色越浅。当 R、G、B 全是 0 时,表示黑色;全是 255 时,表示白色。因此,在 RGB 色彩系统中,红色是 (255,0,0),蓝色是(0,255,0),绿色是(0,0,255)。

【例 1-7】 在计算机中,24 位真彩色能表示多达_____种颜色。

解析:真彩色是指图像中的每个像素值都分成红、绿、蓝三个基色,用 24 位二进制数表示。因此,最多能表示 2 的 24 次方种颜色。

4．声音信息在计算机中的存储

【例 1-8】 立体声双声道采样频率为 22.05kHz,量化位数为 16 位,2min 这样的音乐在不压缩时,所需要的存储量是_____字节。

解析:采样频率为 22.05kHz 是指每秒钟采集 22.05×1000 个样本点;量化位数为 16 位是指每个样本点用 16 位 0 或 1 来存储,双声道要采集两次,2min 即为 120s。因此,存储量公式为 2×22.05×1000×16×2×60/8(字节)。

提示:本类题目考生一定要看清楚每个采集具体信息以及最终存储量的单位是什么。是位,还是字节,或是 KB、MB? 按题目要求进行单位换算。

1.3　试题荟萃

1.3.1　单选题

1. 十六进制数 DFH 转换为二进制数是_____。
   A. 10110111B　　　B. 11011100B　　　C. 11011111B　　　D. 10101100B
2. 计算思维中的抽象超越物理的时空观，可以完全用_____表示。
   A. 符号　　　　　B. 密码　　　　　C. 算法　　　　　D. 大数据
3. _____不是云计算的特征。
   A. 虚拟化　　　　B. 灵活定制　　　C. 通用性　　　　D. 低可靠性
4. 在信息社会的道德伦理建设方面，_____不是行之有效的措施。
   A. 完善技术监控　　　　　　　　B. 禁止学生使用手机
   C. 加强法律和道德规范建设　　　D. 加强网络监管
5. 信息素养的构成要素主要包括_____、信息知识、信息能力和信息伦理等几方面。
   A. 信息意识　　　B. 心理素质　　　C. 信息采集　　　D. 信息传送
6. _____是开源软件。
   A. Windows　　　B. WPS　　　　　C. Linux　　　　　D. DOS
7. _____不属于人机交互技术。
   A. VR 技术　　　B. AR 技术　　　C. 幻影成像　　　D. 3D 打印
8. 一般情况下，计算机病毒主要造成_____的损失与破坏。
   A. 硬盘　　　　　B. 显卡　　　　　C. 网卡　　　　　D. 程序和数据
9. _____应用不属于 5G 的主要应用。
   A. 超级救护车　　B. 数字货币　　　C. 智慧农业　　　D. 自动驾驶
10. 在存储器中，一个 ASCII 字符占_____。
    A. 一个字　　　　B. 1 字节　　　　C. 一个字段　　　D. 一个字长
11. 计算机能够直接识别和处理的语言是_____。
    A. 自然语言　　　B. 机器语言　　　C. 汇编语言　　　D. Java 语言
12. 存储 1024 个 32×32 点阵的汉字需要的存储容量是_____KB。
    A. 125　　　　　B. 126　　　　　C. 127　　　　　D. 128
13. 下列各进制数中最大的数是_____。
    A. 1101011B　　B. 72O　　　　　C. 35H　　　　　D. 48D
14. 计算机系统的内部总线，主要可分为_____、数据总线和地址总线。
    A. DMA 总线　　B. 控制总线　　　C. PCI 总线　　　D. RS-232 总线
15. 计算机常用的数据通信接口中，传输速率最高的是_____。
    A. USB1.0　　　B. USB2.0　　　C. RS-232　　　　D. IEEE1394
16. 冯·诺伊曼在研制 EDVAC 计算机时，提出了两个重要概念，它们是_____。

A. 引入 CPU 和内存储器概念　　　B. 采用机器语言和十六进制

C. 采用二进制和存储程序控制的概念　　D. 采用 ASCII 编码系统

17. 计算机应用中最诱人，也是难度最大且目前研究最为活跃的领域之一是_____。

A. 人工智能　　B. 信息处理　　C. 过程控制　　D. 辅助设计

18. 计算机网络的目标是实现_____。

A. 数据处理　　　　　　　　B. 文献检索

C. 资源共享和信息传输　　　　D. 信息传输

19. 超市收款台检查货物的条形码，属于对计算机系统的_____。

A. 输入　　B. 输出　　C. 显示　　D. 打印

20. 在下面的描述中，正确的是_____。

A. 外存中的信息可直接被 CPU 处理

B. 键盘是输入设备，显示器是输出设备

C. 操作系统是一种很重要的应用软件

D. 计算机中使用的汉字编码和 ASCII 码是相同的

1.3.2　是非题

1. 现代信息技术的内容主要包括信息获取技术、信息传输技术、信息处理技术、信息存储技术和人工智能技术。（　）

2. 计算机中所有储存的数据，如文本、图片、音视频、程序等都采用十进制编码。（　）

3. 防火墙技术不属于常用的网络安全技术。（　）

4. 电子计算机的发明是进入现代信息技术发展阶段的标志。（　）

5. 计算思维的本质是抽象和自动化。（　）

6. 数据清洗不属于大数据预处理技术。（　）

7. 区块链指通过中心化和信任的方式集体维护一个可靠数据库的技术方案。（　）

8. 网络安全首先需要技术的保障，其次需要经济的支持，最终需要道德的约束。（　）

9. 物联网可以看作延伸、扩展人的感官和大脑信息处理功能的技术。（　）

10. 人工神经网络不是人工智能的主要技术。（　）

11. U 盘是为了解决 CPU 与内存之间速度不匹配的问题。（　）

12. 第五代移动通信技术(5G)是蜂窝移动通信技术。（　）

13. 计算机的发展阶段通常是按照计算机所采用的程序设计语言来划分的。（　）

14. 信息资源的开发和利用已经成为独立的产业，即信息产业。（　）

15. 所谓 3C 技术是指计算机技术、通信技术、控制技术。（　）

第2章

数据文件管理——Windows 10

数据文件管理是学习计算机操作系统不可或缺的一部分。本章将以 Windows 10 操作系统为例进行讲解。Windows 10 操作系统相较于之前版本在易用性和安全性方面有了显著提升，具备更灵活、高效和安全的特点，同时支持最新的硬件、软件和技术。通过学习数据文件管理的理论知识和基本操作，学习者将更好地掌握计算机资源的管理和调度，有助于在未来的学习中更有效地运用操作系统管理资源，确保数据安全。本章内容主要包括理论题和操作题，重点考查学习者对数据文件管理基本操作的理解和掌握。

 2.1 数据文件管理理论知识点

数据文件管理理论知识点及考级要求如表 2-1 所示。

表 2-1　数据文件管理理论知识点及考级要求

知识领域	知识单元	知识点	考级要求
数据文件管理	文件系统	Windows 文件系统	理解
		Linux 文件系统	理解
		Mac 文件系统	理解
		iOS 与 Android 文件系统	理解
	文件资源管理器	文件资源管理器和库	理解
		文件及文件夹的操作	掌握
		搜索功能	掌握
	应用程序管理	安装前的准备	知道
		应用程序的安装	理解
		应用程序的管理	理解
	系统设置	环境设置	理解
		系统备份与恢复	理解
		打印设置	理解
		投影仪设置	理解
		快捷方式创建	掌握
		数据压缩	掌握

2.1.1　文件系统

1．MS DOS 属于命令行界面操作系统。

2．计算机存储信息的文件格式有多种，用于存储文本信息的是 txt 格式文件。

3．Windows 操作系统是一个单用户、多任务操作系统。

4．Windows 10 操作系统的文件系统规定同一文件夹中，子文件夹不可以同名。

5．如果 Windows 10 操作系统中屏幕复制时只复制当前窗口的画面，应按 Alt＋PrintScreen 快捷键。

6．Windows 10 操作系统分为家庭版、专业版、企业版、教育版、移动版等不同版本，其中支持的功能最少的是家庭版。

7．Windows 10 操作系统各个版本中移动版面向尺寸较小，需要配置触控屏的移动设备。

8．在 Windows 操作系统中，按 ⊞ 键将显示"开始"菜单。

9．按 ⊞＋D 快捷键用来显示 Windows 10 操作系统桌面。

10．Windows 操作系统中常用的文件系统包括 FAT 和 NTFS。

11．安装 Windows 10 操作系统时，系统磁盘分区必须为 NTFS 格式才能安装。

12．文件系统负责为用户建立文件，存入、读出、修改、转储文件，控制文件的存取，等等。

13．NTFS 取代了 FAT（文件分配表）文件系统，成为目前 Windows 操作系统的主要文件系统。

14．簇是 Windows 文件系统中的最小数据单元。

15．文件在磁盘上存放以簇为基本单位。

16．在 Windows 10 操作系统的资源管理器中，对一个选定的文件按 Shift＋Delete 快捷键删除并确认后，该文件无法恢复。

17．Windows 操作系统中，经常用到剪切、复制和粘贴功能，其中剪切功能的快捷键是 Ctrl＋X，复制功能的快捷键是 Ctrl＋C，粘贴功能的快捷键是 Ctrl＋V。

18．Administrator 是 Windows 操作系统中的管理员账户。

19．在对磁盘进行格式化时会在磁盘上创建文件系统。

20．目前计算机主机中硬盘的主流介质仍然是磁盘，其在物理结构上可以分为磁道和扇区。

21．在 Windows 操作系统中，将打开窗口拖动到屏幕顶端，窗口会最大化。

22．在 Windows 操作系统的休眠模式下，系统的状态保存在硬盘中。

23．在 Windows 操作系统中，右击"开始"菜单，选择"设备管理器"选项，可以打开"设备管理器"。

24．在 Windows 操作系统中，按 Ctrl＋Shift 快捷键可实现中文输入法之间的快速切换。

25．在 Windows 操作系统中，可以利用鼠标拖动位于窗口最上端的标题栏来移动窗口的位置。

26. Windows 操作系统中"截图工具"的截图模式分为任意格式截图、矩形截图、窗口截图、全屏幕截图。

27. 在 Linux 操作系统中直接控制硬件设备的是内核。

28. Linux 文件系统是免费使用的类 UNIX 的操作系统。

29. Linux 操作系统最常用的文件系统是 EXT，目前主流的是 Ext4 文件系统。

30. APFS 是一个适用于 macOS、iOS 等的文件系统，其目的是提高 HFS＋文件系统的性能。

31. macOS 是运行于苹果 Macintosh 系列计算机上的操作系统，是基于 UNIX 系统内核的。

32. 在 macOS X 系统中，存在 User、Local、Network、System 四个文件系统区域。

33. Android 是一个基于 Linux 2.6 内核的开源移动终端设备平台。

34. iOS 与 macOS X 操作系统一样，也是以开放原始码操作系统为基础的。

2.1.2　文件资源管理器

1. Windows 10 操作系统窗口中的地址栏用于显示文件或文件夹所在路径，其由一组连续的文件名、\分隔符和文件夹名组成。

2. 可以在 Windows 10 操作系统文件资源管理器窗口地址栏所在的空白处单击，用来显示文件存放的完整路径。

3. 在 Windows 操作系统中，文件资源管理器的导航窗格内提供了"快速访问""库""此电脑""网络"等节点。

4. 在 Windows 操作系统中，可以在控制面板中选用程序功能实现新增或删除程序。

5. 在 Windows 10 操作系统中，常见的文件通配符有代表任意多个字符的"＊"和代表任意一个字符的"？"。

6. PrintScreen 功能可以实现屏幕复制到剪贴板，按 Alt＋PrintScreen 快捷键可以将当前活动窗口复制到剪贴板。

7. 在 Windows 操作系统中，选择连续的对象，可按住 Shift 键，单击第一个对象，然后单击最后一个对象。

8. 在 Windows 10 操作系统中，若要选定多个不连续的文件或文件夹，需按住 Ctrl 键不放，再进行单击选择操作。

9. Windows 10 操作系统中，文件资源管理器用来管理计算机软、硬件资源。

10. 关于 Windows 10 的库中添加的是指向文件夹或文件的快捷方式，可以收集存储在多个不同位置的文件夹和文件。

11. 在 Windows 10 中，可以使用库组织和访问文件，这些文件与存储的位置无关。

12. 在 Windows 10 的文件资源管理器中，它将计算机资源分为"快速访问"、OneDrive、"此电脑"和"网络"。

13. 在 Windows 10 的文件资源管理器中，查看选项卡布局中的详细资料可以显示文件的"大小"和"修改时间"。

14. 在 Windows 10 中,通过文件资源管理器管理计算机软、硬件资源,把软件和硬件统一用文件和文件夹的图标表示,对计算机上所有的文件和文件夹进行管理和操作。

15. 在 Windows 10 文件资源管理器中选定了文件或文件夹后,按住 Ctrl 键不放,拖动鼠标可以将它们复制到同一驱动器的其他文件夹中,直接拖动鼠标也可以实现在不同的磁盘中复制文件。

16. 在 Windows 10 中,可以通过双击窗口左上角的控制菜单图标关闭文件资源管理器窗口。

17. 在 Windows 10 中,文件资源管理器的"带状功能区界面"将系统对文件和文件夹常用的功能以图标的方式分类展现。

18. 在 Windows 10 中,打开相关应用程序,在选取某一菜单后,若菜单项后面带有省略号"…",则表示将弹出对话框。

19. 在 Windows 10 中,按 Shift+Delete 快捷键直接永久删除文件而不是将其移至回收站。

20. 剪贴板是内存上的一块区域,用来临时存放应用程序剪贴或复制的信息,实现各种应用程序之间数据共享和交换。

21. 在 Windows 操作系统中,"回收站"是硬盘上的一块区域,用来存放被删除的文件,需要通过"清空回收站"彻底删除文件,可通过"还原"恢复被删除文件至原路径。

22. 在 Windows 10 系统中操作时,右击对象将弹出针对该对象操作的快捷菜单。

23. Windows 文件的属性有只读、隐藏、存档,用户新建文件的默认属性是存档。

24. 在 Windows 10 中,文件名通常由主文件名和扩展文件名组成,其中文件扩展名确定文件的类型,该类文件已与某个应用程序建立了某操作的关联,双击该文件往往能启动关联的应用程序。

25. 在 Windows 10 中"画图"文件默认的扩展名是 png。

26. 在 Windows 10 中,"打印到文件"功能将文稿"打印"的文件扩展名是 prn。

27. 快捷方式是 Windows 10 提供的一种能快速启动程序、打开文件或文件夹所代表的项目的快速链接,其扩展名一般为 lnk。

28. 在 Windows 10 中,把一个文件设置为"隐藏"属性后,在文件资源管理器窗口中该文件一般不显示。可以通过选中"查看"选项卡中的"隐藏的项目"复选框让该文件再显示出来。

29. 在 Windows 10 中,各种信息都是以文件形式保存在存储设备中。

30. 在 Windows 10 中,按 Ctrl+A 快捷键可以同时选择某一目标位置下全部文件和文件夹。

31. 在 Windows 10 中,按 F1 键进入当前对象的帮助框。

32. 在 Windows 10 中,工具栏中的"搜索框"可按用户提供的确切搜索范围,将遍览全部已安装程序和硬盘中所有文件夹,可以使用含有通配符的文件名来进行模糊搜索。

33. 在 Windows 10 中,当用户在文件资源管理器中搜索时,可通过"搜索工具"选项卡设置搜索的更多属性。

2.1.3　应用程序管理

1. 安装软件前，为了了解应用软件的运行环境和硬件需求，可以右击"此电脑"，在快捷菜单中选择"属性"选项，来查看有关计算机的系统配置情况。

2. 当在 Windows 操作系统中安装应用程序时，可通过"以管理员身份运行"来提高管理权限。

3. Windows 应用程序安装文件的扩展名通常是 exe。

4. 在 Linux 系统的 Ubuntu 中，软件的安装主要通过"命令行"和"软件中心"两种方式。

5. 在 Windows 10 中，当一个应用程序的窗口被最小化后，该应用程序将仍然在内存中运行。

6. 在 Windows 10 中，关闭没有响应的程序，常用的方法是按 Ctrl＋Alt＋Del 快捷键，打开任务管理器后选择关闭相关程序。

7. 利用 Windows 10 操作系统"控制面板"中的"程序"，可以对应用程序进行查看、更新、修复、卸载。

8. 在 Windows 操作系统"控制面板"窗口的"程序"中卸载已安装的应用程序。

9. 查看在 Windows 操作系统"开始"菜单中的所有应用，可以看到系统中安装的应用程序。

10. 在 Windows 10 中，按 Alt＋F4 快捷键可以关闭应用程序窗口。

11. 在 Windows 10 中，右击软件，打开属性，单击兼容性，选中以兼容模式并以管理员身份运行，可以解决运行软件与系统不兼容的问题。

2.1.4　系统设置

1. 在 Windows 10 中，桌面图片可以用幻灯片放映方式定时切换，设置的最关键步骤是设置图片时间间隔。

2. Windows 10 的"任务栏"可以实现程序窗口之间的切换。

3. 在 Windows 10 启动成功后，整个显示器屏幕称为"桌面"。

4. 在 Windows 10 中，"开始"菜单由程序列表、常用磁贴、常用链接菜单组成。

5. 在 Windows 10 中，如果要调整日期时间，可以右击任务栏中的通知区日期/时间，然后从快捷菜单中选择"调整日期/时间"命令。

6. 桌面图标的排列方式可以通过"桌面快捷菜单"来进行设定。

7. Windows 10 的"任务栏"位于桌面底部，包含工具栏、按钮区、通知区、显示桌面按钮等部分。

8. 任务栏的通知区域位于任务栏右侧，除了直观地反映网络、语言、声音、时间和系统功能的状态外，还会主动推送一些应用的提示信息。

9. 如果只希望保留当前正在使用的窗口，而又不希望逐个最小化其他打开的窗口时，可以使用 Aero Shake（鼠标左键按住当前窗口的标题栏，然后左右或上下快速晃动鼠标)的功能。

10. 若要快速查看桌面小工具和文件夹,而又不希望最小化所有打开的窗口,可以使用 Aero Peek[将鼠标移动到任务栏右端的"显示桌面"按钮上悬停(无须单击)]。

11. 使用 Aero Snap 命令可以让两个窗口平分整个屏幕,并左右排列在一起。

12. 广义的 Windows 10 桌面背景中,包含桌面主题和背景图片;狭义的 Windows 10 桌面背景指的是桌面主题,桌面主题注重的是桌面的整体风格。

13. Windows 文件资源管理器窗口可以按 Alt 键显示选项卡栏快捷键。

14. 在 Windows 10 中,按 ⊞＋Tab 快捷键可以显示任务视图,使所有打开的窗口呈平铺状态。

15. 在 Windows 10 中,可以通过按住 Ctrl 键＋上下滚动鼠标滚轮的方式改变桌面图标大小。

16. 在 Windows 10 中,使用虚拟桌面功能可以建立多个桌面,按 ⊞＋Ctrl＋D 快捷键可以增加桌面数量,使用户高效利用屏幕,极大地提高工作效率。

17. 在 Windows 操作系统的任务管理器中,单击"性能"选项卡,可以详细查看 CPU 和内存的使用记录。

18. 在 Windows 10 中,对键盘、鼠标等设备进行设置,可以在 Windows 10 系统的"设置"中进行。

19. 在 Windows 10 中,"桌面小工具"能够提供即时信息及可轻松访问常用工具的桌面元素。

20. 在 Windows 10 中,屏幕保护程序的作用是提供节能和系统安全功能。

21. 在使用 Windows 10 的过程中,不使用鼠标的情况下,按 Ctrl＋Esc 快捷键可打开"开始"菜单。

22. 在 Windows 10 中,"开始"菜单在功能布局上,除了右窗格上下各有用户账户按钮和计算机关闭选项按钮外,主要有程序列表、磁贴、常用链接菜单三个基本部分。

23. Windows 10 系统中的备份,除了能够备份文件和文件夹外,还能备份整个操作系统。

24. Windows 10 系统中进行系统还原之前,先要创建系统映像。

25. 在 Windows 10 中,当计算机连接的打印机无法打印时,可将打印机设置为"打印到文件"。

26. 在 Windows 10 中,如果要让打印机将打印内容输出到文件中,在添加打印机时应选择 FILE:(打印到文件)端口。

27. 将笔记本电脑连接投影仪或大屏幕显示器时,需要利用 ⊞＋P 快捷键打开投影管理窗口进行"仅电脑屏幕""复制""扩展""仅第二屏幕"的操作。

28. 投影时,通过 HDMI 线连接,既可以传递图像,也可以传递声音。

29. 在 Windows 10 中,用"创建快捷方式"创建的图标可以是任何文件或文件夹。

30. Mission Control 是从 10.7 Lion 系统开始出现的,是苹果公司为广大 Mac 用户带来的强大的窗口和程序管理方式。

31. 在 macOS 中,其内置备份工具是时间机器(Time Machine),它可以自动、定期地将用户的文件和系统设置备份到外接硬盘或其他存储设备上。

2.2　典型试题分析和重点难点操作

1. 在"C:\KS"文件夹中新建文件夹 A1 和 B1，在 A1 文件夹内新建文件夹 C1 并将其设置为"只读"属性。在 A1 文件夹内新建名为"职业教育.txt"的文本文档，在该文本文档内输入文字"匠心筑梦，职教启航，技能在手，成功我有！"后以原文件名原路径保存。

（1）打开文件资源管理器（⊞＋E 快捷键），打开"C:\KS"文件夹，选择"主页"→"新建"→"新建文件夹"工具，将新文件夹命名为 A1（或在资源管理器窗口内容区域空白处右击，在弹出的快捷菜单中选择"新建"→"文件夹"选项，B1 文件夹采用相同的操作方法），如图 2-1 所示。

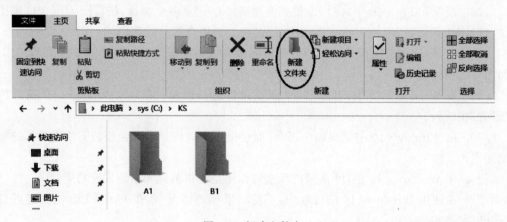

图 2-1　新建文件夹

（2）打开 A1 文件夹，选择"主页"→"新建"→"新建文件夹"工具，将新文件夹命名为C1（或在资源管理器窗口内容区域空白处右击，在弹出的快捷菜单中选择"新建"→"文件夹"选项）；选中 C1 文件夹，选择"主页"→"打开"→"属性"工具，在"属性"对话框中选中"只读"复选框，单击"确定"按钮（或右击 C1 文件夹，在弹出的快捷菜单中选择"属性"选项），如图 2-2 所示。

（3）返回 KS 文件夹，选择"主页"→"新建"→"新建项目"→"文本文档"选项，将新文本文档命名为"职业教育"（或在资源管理器窗口内容区域空白处右击，在弹出的快捷菜单中选择"新建项目"→"文本文档"选项），如图 2-3 所示。

（4）打开"职业教育"文本文档，输入内容，单击"保存"按钮后关闭文档，如图 2-4所示。

2. 在"C:\Windows\System32"文件夹中搜索"Calc.exe"文件，将其复制到"C:\KS"文件夹中，重命名为"计算器"，运行该程序并将程序运行窗口截图后以文件名"JT.jpg"保存至"C:\KS"文件夹中。

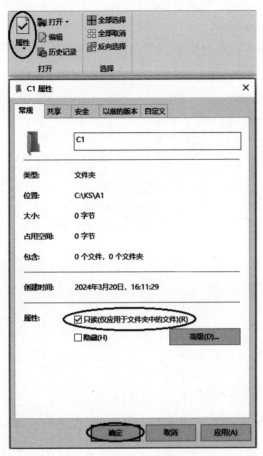

图 2-2　修改文件夹只读属性

图 2-3　新建文本文档

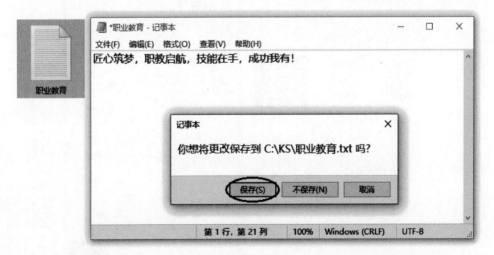

图 2-4　编辑文本文档并保存

（1）打开"C:\Windows\System32"文件夹，在"搜索栏"输入"Calc.exe"，选中搜索到的文件，右击，在弹出的快捷菜单中选择"复制"选项（Ctrl＋C 快捷键），打开"C:\KS"文件夹，在资源管理器窗口内容区域空白处右击，在弹出的快捷菜单中选择"粘贴"选项（Ctrl＋V 快捷键），如图 2-5 所示。

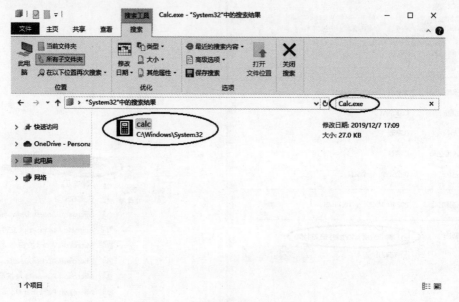

图 2-5　搜索栏搜索指定文件

（2）选中新生成的"Calc.exe"文件，选择"主页"→"组织"→"重命名"工具，将文件名命名为"计算器"，如图 2-6 所示。

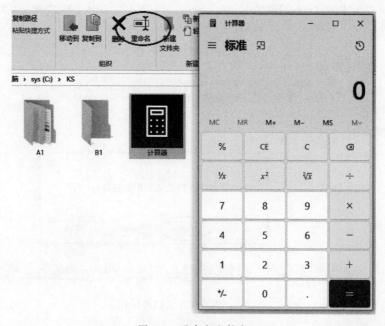

图 2-6　重命名文件名

（3）双击运行"计算器"程序，选择"计算器"程序窗口，按 Alt＋PrintScreen 快捷键进行窗口截图；运行"画图"程序，按 Ctrl＋V 快捷键粘贴截图，单击"保存"按钮（或按 Ctrl＋S 快捷键），定位至"C:\KS"文件夹，在"文件名"输入框中输入"JT"，将"保存类型"选为 JPEG，单击"保存"按钮，如图 2-7 所示。

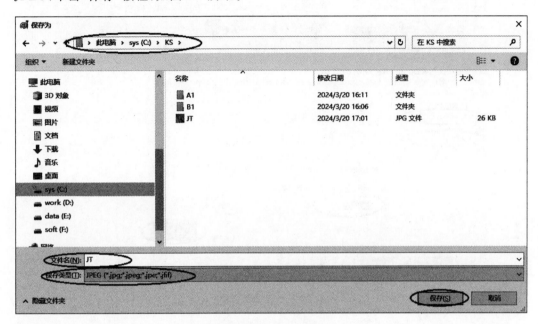

图 2-7　窗口截图保存

3. 将"C:\素材\LX1. zip"文件复制到"C:\KS"文件夹中，将"LX1. zip"文件中的"D1.jpg"和"F1. txt"文件解压缩至"C:\KS\A1"文件夹中，将"D1. jpg"文件重命名为"PIC. png"，将"F1. txt"文件移动至 C1 文件夹内，并设置为"隐藏"属性。

（1）打开"C:\素材"文件夹，选择"LX1. zip"压缩包文件，选择"主页"→"剪贴板"→"复制"工具（或按 Ctrl＋C 快捷键）；打开"C:\KS"文件夹，选择"主页"→"剪贴板"→"粘贴"工具（或按 Ctrl＋V 快捷键），如图 2-8 所示。

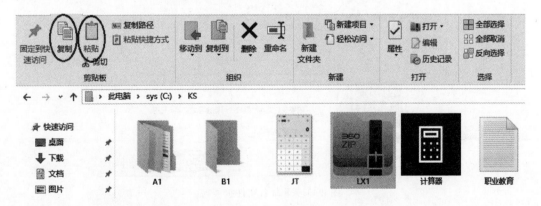

图 2-8　复制文件

（2）双击打开"LX1.zip"压缩包文件，选中"D1.jpg"文件，按住 Ctrl 键不放，单击选择"F1.txt"文件（利用 Ctrl 键配合鼠标选择不连续的对象），选择"解压到"工具，选择"C：\KS\A1"文件夹，单击"立即解压"按钮，如图 2-9 所示。

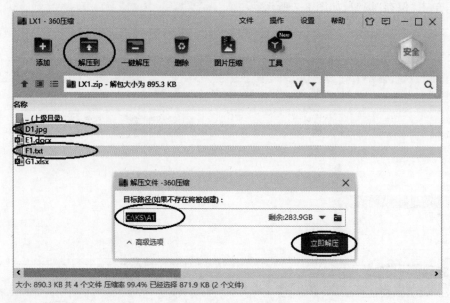

图 2-9　解压指定文件

图 2-10　显示文件扩展名

（3）打开文件资源管理器（⊞＋E 快捷键），选择"查看"→"显示/隐藏"→选中"文件扩展名"复选框，如图 2-10 所示。

（4）选中"C：\KS\A1\D1.jpg"文件，选择"主页"→"组织"→"重命名"工具（或右击"D1.jpg"文件，在弹出的快捷菜单中选择"重命名"选项），将文件重命名为"PIC.png"，单击"是"按钮，如图 2-11 所示。

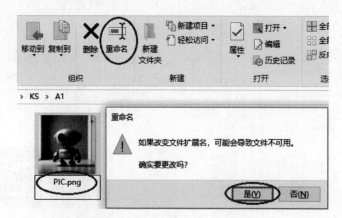

图 2-11　重命名文件扩展名

（5）选中"C：\KS\A1\F1.txt"文件，选择"主页"→"剪贴板"→"剪切"工具（或按 Ctrl＋X

快捷键）；打开"C:\KS\A1\C1"文件夹,选择"主页"→"剪贴板"→"粘贴"工具(或按 Ctrl+V 快捷键),如图 2-12 所示。

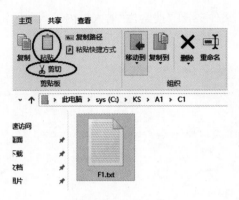

图 2-12　移动文件

（6）选中"F1.txt"文件,选择"主页"→"打开"→"属性"工具(或右击"F1.txt"文件, 在弹出的快捷菜单中选择"属性"选项),在"属性"对话框中,选中"隐藏"复选框,单击"确定"按钮,如图 2-13 所示。

图 2-13　修改文件隐藏属性

4. 将"C:\素材"文件夹中所有 jpg 文件以文件名为"JPGTP.zip"压缩至"C:\KS"文件夹中。

(1) 打开"C:\素材"文件夹，在"搜索栏"输入框内输入"＊.jpg"，全选搜索到的文件，如图 2-14 所示。

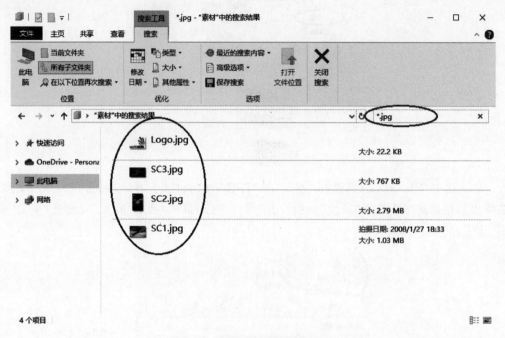

图 2-14　搜索栏搜索同类型文件

(2) 右击，在弹出的快捷菜单中选择"添加到压缩文件"选项，浏览至"C:\KS"文件夹，将文件名设置为"JPGTP"，将保存类型设置为 ZIP 压缩文件，单击"保存"按钮，再单击"立即压缩"按钮，如图 2-15 所示。

5. 在"C:\KS"文件夹中创建名为 HT 的快捷方式。该快捷方式指向 Windows 系统的应用程序"MSPaint.exe"，并设置其运行方式为"最大化"，快捷键为 Ctrl＋Alt＋P。

(1) 打开"C:\KS"文件夹，选择"主页"→"新建"→"新建项目"→"快捷方式"选项（或在资源管理器窗口内容区域空白处右击，在弹出的快捷菜单中选择"新建"→"快捷方式"选项），在"请键入对象的位置"输入框中输入"MSPaint.exe"，单击"下一步"按钮，在"键入该快捷方式的名称"输入框中输入"HT"，单击"完成"按钮，如图 2-16 所示。

(2) 选择 HT 快捷方式，选择"主页"→"打开"→"属性"工具（或选择 HT 快捷方式，右击，在弹出的快捷菜单中选择"属性"选项），选择"快捷方式"选项卡，在"快捷键"输入框输入"Ctrl＋Alt＋P"，将"运行方式"设置为"最大化"，单击"确定"按钮，如图 2-17 所示。

6. 删除"C:\KS"文件夹中的"LX1.zip"文件。

选中"LX1.zip"文件，选择"主页"→"组织"→"删除"工具（或按 Delete 键），如图 2-18所示。

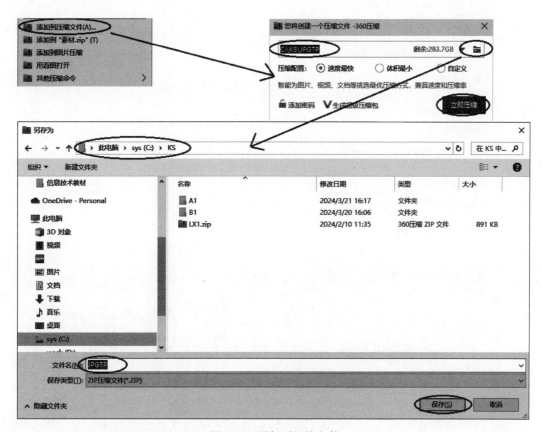

图 2-15 添加到压缩文件

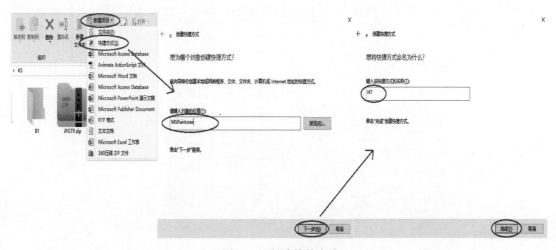

图 2-16 新建快捷方式

图 2-17 设置快捷方式的快捷键和运行方式属性　　　　图 2-18 删除指定文件

7. 为系统添加 Microsoft PCL6 打印机，并将测试页以文件形式打印至"C:\KS"文件夹中，命名为"Print1.prn"。

（1）选择"开始"菜单（），选择"设置"工具（⚙），单击"设备"选项，选择"打印机和扫描仪"，单击"添加打印机或扫描仪"，选择"我需要的打印机不在列表中"选项，如图 2-19所示。

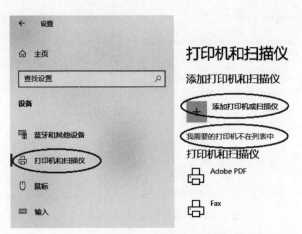

图 2-19 添加打印机和扫描仪

　　（2）选择"通过手动设置添加本地打印机或网络打印机"，如图 2-20 所示，单击"下一步"按钮；将"使用现有的端口"选为"FILE：（打印到文件）"，如图 2-21 所示，单击"下一步"按钮；将"厂商"选为 Microsoft，将"打印机"选为 Microsoft PCL6 Class Driver，如图 2-22 所示，单击"下一步"按钮；不改变默认打印机名称，如图 2-23 所示，单击"下一步"按钮；不改变默认的打印机共享模式，如图 2-24 所示，单击"下一步"按钮；单击"打印测试页"按钮，如图 2-25 所示。

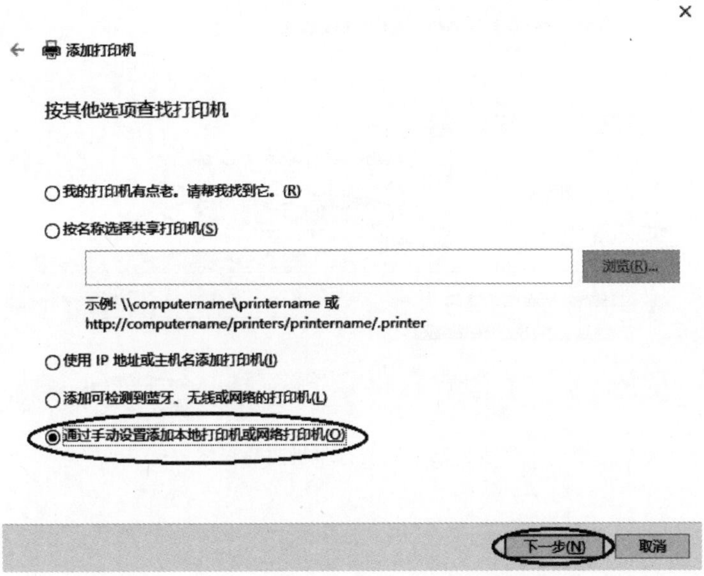

图 2-20　手动设置添加本地打印机或网络打印机

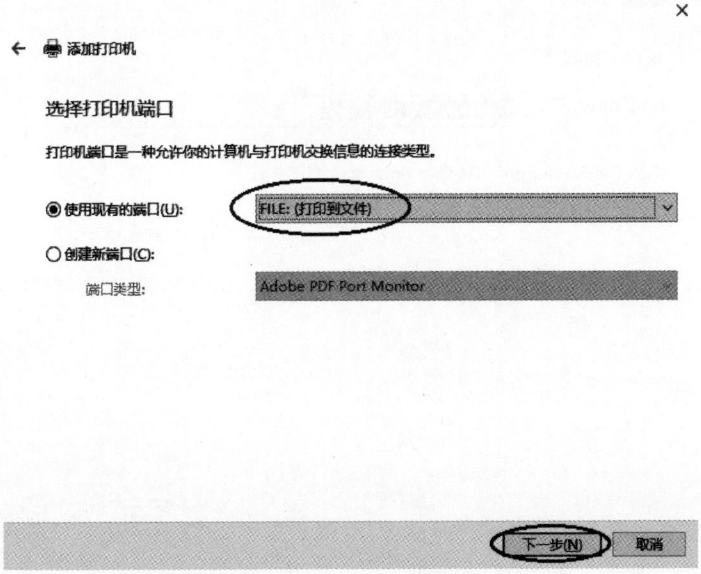

图 2-21　选择打印机端口

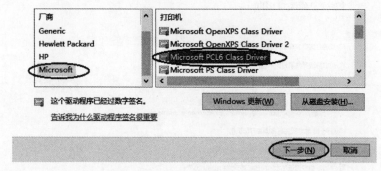

图 2-22　安装打印机驱动程序

← 🖶 添加打印机

键入打印机名称

打印机名称(P)：　Microsoft PCL6 Class Driver

该打印机将安装 Microsoft PCL6 Class Driver 驱动程序。

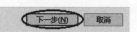

图 2-23　键入打印机名称

图 2-24 设置打印机共享

图 2-25 打印测试页

（3）选择"C:\KS"文件夹，在"文件名"输入框中输入"Print1"，单击"保存"按钮，如图 2-26 所示，单击"关闭"按钮，如图 2-27 所示，最后单击"完成"按钮。

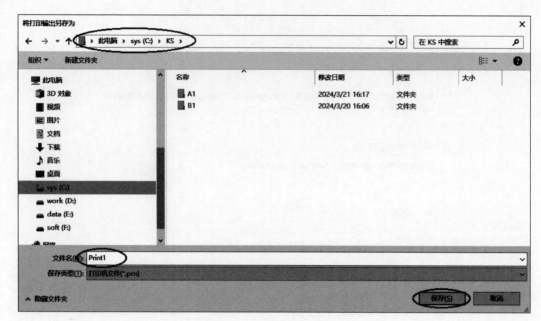

图 2-26　保存打印测试页

图 2-27　完成测试页保存并关闭

2.3　试题荟萃

2.3.1　练习一

1. 在"C:\KS"文件夹中新建文件夹 A2，在 A2 文件夹内新建文件夹 B2，在 B2 文件夹内新建文件夹 C2 并将其设置为"隐藏"属性。在 A2 文件夹内新建文件"信息技术. docx"，在该文件内输入文字"学习信息技术，赋能创新思维。"后以原文件名原路径保存。

2. 在"C:\Windows"文件夹中搜索"regedit. exe"文件，将其复制到"C:\KS"文件夹中，重命名为"注册表. exe"，设置以管理员身份运行此程序。

3. 将"C:\素材\LX2. zip"文件中的"D2. png"和"E2. txt"文件解压缩至"C:\KS"文件夹中，将"D2. png"文件重命名为"PIC. jpg"，将"E2. txt"文件移动至 A2 文件夹内，并设

置为"只读"属性。

4. 复制"C:\素材"文件夹中所有 bmp 文件到"C:\KS"文件夹中,将"C:\KS"文件夹中 bmp 文件以文件名为"BMPTP. zip"压缩至当前文件夹中。

5. 删除"C:\KS"文件夹中的"SC4. bmp"文件。

6. 在"C:\KS"文件夹中创建名为"搜索引擎"的快捷方式,该快捷方式指向百度网站首页 URL:http://www.baidu.com,并设置快捷键为 Ctrl+Shift+B。

7. 系统设置 Windows 任务栏位置在屏幕"靠左",将系统桌面截图,以文件名"ZM. jpg"保存至"C:\KS"文件夹中。

2.3.2 练习二

1. 在"C:\KS"文件夹中新建文件夹 A3、B3 和 C3,将 C3 文件夹移动至 B3 文件夹内并设置为"存档"属性。在 A3 文件夹内新建名为"大国工匠. txt"的文本文档,在该文本文档内输入文字"持之以恒,细致入微,追求卓越"后以原文件名原路径保存。

2. 将"C:\Windows"文件夹中"Win. ini"文件复制到"C:\KS"文件夹中,重命名为"Win. txt",打开该文件,将内容中的所有 f 替换为 F。

3. 将"C:\素材\LX3"所有文件解压缩至"C:\KS"文件夹中,将"D3. jpg"文件重命名为"PIC. bmp",将"四个自信. txt"文件移动至 B3 文件夹内,并设置为"只读"属性。

4. 将"C:\素材"文件夹中所有 docx 文件以文件名为"WD. zip"压缩至"C:\KS"文件夹中。

5. 在"C:\KS"文件夹中创建名为"系统"的快捷方式,该快捷方式指向"C:\Windows"文件夹,并设置其运行方式为"最小化",快捷键为 Ctrl+Alt+S。

6. 删除"C:\KS"文件夹中的"智慧医疗. jpg"文件。

7. 启动任务管理器,查看启动详细信息,并将当前运行窗口截图后以文件名"RWGL. jpg"保存至"C:\KS"文件夹中。

第 3 章

办公软件——Microsoft Office 2016

办公软件是学习和工作中必不可少的工具之一,熟练掌握办公软件已经成为现代社会中必备的技能。本章将以全球市场占有率较高的 Office 2016 办公软件套装为例进行学习。这一版本的套装在设备兼容性、智能应用、界面设计以及安全稳定性等方面都有显著改进和提升,有效提高了工作效率和提升了用户体验。通过本章的学习,学习者将能够熟练运用 Word 进行文字处理、使用 Excel 进行数据处理和分析,以及使用 PowerPoint 进行演示文稿设计,从而更高效地进行学习和工作,同时提升自身职业技能和竞争力。本章主要涉及理论题、操作题,重点考查学习者对 Office 三件套基本操作的理解和掌握。

3.1 Word、Excel、PowerPoint 理论知识点

办公软件知识点及考级要求如表 3-1 所示。

表 3-1 办公软件知识点及考级要求

知识领域	知识单元	知 识 点	子知识点	考级要求
办公软件	文字信息处理	常用文字处理软件	常用软件简介、PDF 和 Word 格式转换	知道
		排版设计技术	格式刷、样式和模板	掌握
			字符格式	掌握
			段落格式	掌握
			页面布局	掌握
			封面、分页符	掌握
			表格	掌握
			插图、艺术字	掌握
			页眉和页脚	掌握
			文本框	掌握
			日期和时间公式、符号和编号、音频和视频	掌握
		长文档规范化和自动化技术	查找、替换和选择	掌握
			目录	掌握

续表

知 识 领 域	知 识 单 元	知 识 点	子 知 识 点	考级要求
办公软件	文字信息处理	长文档规范化和自动化技术	脚注、尾注、题注	掌握
			交叉引用	理解
			邮件合并	理解
	电子表格处理	常用电子表格软件	常用软件简介	理解
		基本操作	单元格的编辑、格式化	掌握
			条件格式	掌握
		公式与函数	公式、单元格引用、常用函数	掌握
		数据管理技术	排序	掌握
			筛选	掌握
			分类汇总	掌握
			数据透视表	掌握
		数据可视化技术（图表）	图表创建	掌握
			图表编辑	掌握
	演示文稿设计	常用演示文稿软件	常用软件简介及相关插件	理解
		幻灯片设计	幻灯片的创建和格式化	掌握
			超级链接与动作效果	掌握
			切换效果与设置	掌握
			动画效果与设置	掌握
			图片、形状、剪贴画、SmartArt	掌握
			版式和配色	掌握
		演示文稿设计	布局（母版、节、放映）	理解

3.1.1 文字信息处理

1. WPS 是由北京金山软件股份有限公司自主研发的一款办公软件套装。

2. Word 文字处理软件属于应用软件。

3. 与 Word 相比较，LaTex 在公式排版方面的表现更优秀。

4. 在使用 Word 过程中，可随时按键盘上的 F1 键以获得联机帮助。

5. 在 Word 功能区中按 Alt 键可以显示所有功能区的快捷键提示。

6. Ctrl＋S 快捷键的功能是保存文件，可将当前文档以原文件名存储在原文件夹内，如果是新建的文档将提示保存位置。

7. 在文字操作中打开并编辑多个文档，单击快速访问工具栏中的"保存"按钮，则保存当前文档。

8. 新建文字操作文件的快捷键是 Ctrl＋N，打开文件的快捷键是 Ctrl＋O。

9. 当前正在编辑的文字操作文档的名称显示在窗口的标题栏中。

10. 在 Word 中，要把 Word 文档保存为 PDF 格式，可使用"文件"→"另存为"命令并选择 PDF 类型。

11. 菜单项呈灰度显示，表明当前不可选择。

12. PDF 文件的基础是 PostScrip 图像模型。

13. 启动文字操作软件后，空白文档的文件名是 Doc1. docx。

14. 文字操作中，在进行文字移动、复制和删除之前，首先要选定操作对象。

15. 选定整个文档，使用 Ctrl＋A 快捷键。

16. 在文字操作中，将光标移到文档中某行的左边，待指针改变方向后，单击可选择整行，双击可选择整段，三击可选择整个文档。

17. 在文字操作的文档编辑区中，把光标放在某一字符处连续单击 3 次，或者鼠标指针在该段左侧变成右向箭头时双击，将选取该字符所在的段落。

18. 在 Word 中，选定矩形文本块可以通过按住 Alt 键＋拖曳鼠标完成。

19. 按 Home 键可将插入点快速移动到当前行的开始位置，按 Ctrl＋Home 快捷键可将插入点快速移动到文档的开始位置。

20. 按 End 可将光标移动到插入点所在行末尾，按 Ctrl＋End 快捷键可将光标快速移动到文件末尾。

21. 将选定的文本从文档的一个位置复制到另一个位置，可按住 Ctrl 键不放再用鼠标拖动。

22. 使用格式刷可以进行快速格式复制操作，单击一次只能复制一次，双击格式刷可复制多次直到按 Esc 键退出。

23. 在 Word 中，样式是指已经命名的字符和段落格式，直接套用可以减少重复操作，提高文档格式编排的一致性。

24. 按 Insert 键可切换"改写"和"插入"状态。

25. 按 Ctrl＋Enter 快捷键可以在文字操作中进行强制分页。

26. 文本框可以实现文档中局部文字的横排、竖排以及图文混排效果。

27. 文本编辑区内有一个闪动的竖线，表示可在该处输入字符的插入点。

28. 当前插入点在表格中某行的最后一个单元格内，按 Enter 键，插入点在所在的单元格内进行换行；按 Tab 键，则是在插入点下一行增加新行，并继承上一行的列数。

29. 在 Word 中，如果使用者需要对文档进行内容编辑，最好使用"审阅"选项卡内的修订命令，以便文档的其他使用者了解修改情况。

30. 在 Word 操作中，如果有需要经常执行的任务，使用者可以将完成任务要做的多个步骤录制到一个宏中，形成一个单独的命令，以实现任务执行的自动化和快速化。

31. 模板为文档提供基本框架和一整套样式组合，可以在创建新文档时选择套用。

32. 在文字操作中，单击"开始"选项卡中"字体"功能区上的按钮，可以对一篇文章的字体进行设置，系统默认的字体是"宋体"，字号是"五号"。

33. 在文字操作中，设置"标题 1""标题 2"等样式时，用户应在页面视图设置。

34. Word 的"审阅"选项卡有拼写与语法功能，一般情况下，输入了错误的英文单词时，会在单词下加红色波浪线。

35. 在文字操作中，"开始"选项卡"字体"组中的"B"图形按钮的作用是选定对象变为粗体。

36．在 Word 中，可以通过在"字体"对话框的"高级"选项卡中调整字符间距与位置。

37．在 Office 系列软件中，按 Ctrl＋F1 快捷键能使功能区最小化。

38．在 Word 中，可以利用"视图"选项卡"显示"组的标尺命令，切换标尺的显示或隐藏状态，标尺可以方便地调整段落的缩进、页面上下左右的边距、表格的列宽。

39．在 Word"段落"选项卡中，有左对齐、集中、右对齐、两端对齐、分散对齐五种对齐方式。

40．Word 的段落缩进方式分为左缩进、右缩进、首行缩进、悬挂缩进。

41．在文字操作中，每个段落的标记在段落的结尾处，通过按 Enter 键产生。

42．在文字操作中，现有前后两个段落且其段落格式不同时，删除前一个段落结尾结束标记可将两个段落合并为一段，光标插入点位置仍采用前一段落的格式。

43．在段落格式中可以设定所选段落的行距用以调整行与行的间距，设定段间距可以调整该段落与其前后两段之间的间隔。

44．在文字操作中，段落添加底纹可以通过"开始"选项卡"段落"组的"底纹"命令实现。

45．在 Word 中，项目符号和编号是对段落添加的，它们在一行文字输入完毕并按 Enter 键时会自动出现。

46．在 Word 中，设定了制表位后，只需按 Tab 键，就可以将光标移到下一个制表位上。

47．执行"布局"选项卡中"页面设置"组中"栏"命令进行分栏后，文字操作中自动在分栏的文本内容上下各插入一个分节符，以便与其他文本区别。

48．如果文档很长，那么用户可以用"视图"选项卡中"窗口"提供的"拆分"功能，同时在两个窗口中滚动查看同一文档的不同部分。

49．设定打印纸张大小时，应当使用"布局"选项卡的"页面设置"功能区。

50．进行文档格式编排需要按照字符、段落、页面三个层次进行。

51．在文字操作表格中，对当前单元格位置的指定方向的单元格数值求和，应使用"布局"选项卡"公式"工具中的"＝SUM（）"公式，公式括号内可以使用 ABOVE、BELOW、LEFT 或 RIGHT 四种参数，分别表示上、下、左、右这四个方向。当单元格中的计算内容发生变化时，可通过选中原结果，按 F9 键将计算结果更新。

52．在文字操作的编辑状态下，选择文档中的表格，按 Delete 键，表格中的内容全部被删除，但表格还在。

53．在文字操作的编辑状态中，选定表格中的一行后，选择"表格"→"布局"→"拆分表格"命令后，表格被拆分成上、下两个表格，已选择的行在下边的表格中。

54．选定文字操作中表格的一行，再执行"开始"选项卡中的"剪切"命令，则删除该行，表格减少一行，删除的内容被临时存放在系统剪贴板中。

55．Word 文档中自行绘制比较简单的示意图，正确的方法是单击"插入"选项卡中的"形状"按钮，绘制形状。

56．SmartArt 是一种将文字和图片以某种逻辑关系组合在一起的文档对象。

57．将图片插入 Word 文档时，"图片格式"选项卡中"排列"功能的"环绕文字方式"

包括嵌入型、四周型、紧密型、上下型、衬于文字下方和衬于文字上方六种，默认的环绕方式是嵌入型。

58. 在编辑文字操作时，我们常希望在每页的顶部或底部显示页码及一些其他信息。这些信息若打印在文件每页的顶部，就称为页眉；若打印在文件每页的底部，就称为页脚。

59. 通过在"布局"选项卡"分隔符"中设置"分节符"，可以在 Word 中实现页面之间不同的页眉、页脚格式的设定。

60. 通过"插入"选项卡中"文本框"可以实现文档中局部文字的横排、竖排以及图文混排效果。

61. Word 2016 中提供了"墨迹公式"，支持手写公式的图像识别。

62. 在长篇文档操作编辑状态下要实现文字内容或格式的批量替换，应使用"开始"选项卡的"替换"工具（或按 Ctrl+H 快捷键）。

63. 在 Word 文档中基于样式，使用"文档导航"可以很方便地完成在长篇文档中快速定位、重排结构、切换标题等操作，并可以创建文档目录。

64. 默认情况下，自动目录可以提取三级目录。

65. 在 Word 文档内通过交叉引用功能在文档的任意位置引用图片或表格；可以为该对象添加"题注"，对文档的部分内容要进行注释和说明；可以为文档添加"批注"，以标注文档内容的备注或引用出处；还可以在每页末尾处添加"脚注"，在分节符或者整个文档末尾处添加"尾注"。

66. 在 Word 2016 的"审阅"选项卡中，可以对中文文字进行"简繁转换"。

67. 如果制作标签、信封、成绩单，在使用文字操作中特有的"邮件"选项卡中的"邮件合并"功能时，需要先准备好主文档和数据源文件，其中数据源文件可以是 Word 文档、Excel 表格和 Access 数据库。

3.1.2　电子表格处理

1. Excel 电子表格是通常用于表格及实现数据分析等比较复杂的运算处理的工具。

2. 一个 Excel 2016 电子表格文件的"工作簿"在默认情况下包含 1 个"工作表"，最多可以包含 255 个"工作表"。

3. Excel 电子表格中的一个"工作表"最多可以包含 1048576 行，16384 列，因此最后一列的列号为 XFD。

4. Excel 电子表格中最小的操作单位是"单元格"。

5. 采用双击工作表标签，可对当前工作表重新命名。

6. 右击工作表标签，在弹出的快捷菜单中可对工作表进行复制（勾选"建立副本"选项）或移动，复制或移动不仅可以在当前工作簿内，也可至其他工作簿。

7. 在同一工作簿中通过鼠标左键拖动工作表可移动工作表顺序，按住 Ctrl 键同时使用鼠标左键拖动工作表可复制当前工作表。

8. 在 Excel 电子表格中，可通过 4 个工作簿视图方式来查看数据。

9. 在 Excel 电子表格中如果需要对工作表中某行或某列进行保密，可通过右击行号或列号,在弹出的快捷菜单中将其"隐藏",在打印时隐藏对象不会被打印出来。

10. 在输入数据过程中,为防止输入的数据有误,需要使用"数据"选项卡"数据工具"功能的"数据验证"工具对单元格进行数据有效性的设置,再输入数据。

11. 若想在 Excel 电子表格的一个单元格中输入多行数据,可通过按 Alt＋Enter 快捷键在单元格内进行换行。

12. Excel 电子表格的"设置单元格格式"对话框中共有"数字""对齐""字体""边框""填充""保护"6 个选项卡。

13. Excel 工作表被保护后,该工作表中的单元格不可修改和删除。

14. 要选中一块连续的单元格区域,可通过先单击选择起始单元格,再按住 Shift 键,单击选择结束单元格;要选中多块不连续的单元格区域,可通过按住 Ctrl 键后多次单击选择单元格实现。

15. 选定一个已有数据的单元格直接输入新数据,会删除单元格原有的全部数据,在编辑栏中输入数据时可保留原数据。

16. "清除内容"将选定单元格(或区域)的内容消除,但单元格依然保留,单元格的格式、边框、批注都不被清除。

17. 在 Excel 电子表格中可通过按 Ctrl＋;快捷键输入当前日期,按 Ctrl＋Shift＋;快捷键输入当前时间。

18. Excel 电子表格在默认情况下,单元格为通用格式,输入"文本"时,将自动"左"对齐,输入"数值"时,将自动"右"对齐,当数值长度超出单元格长度时将用"＃＃＃＃＃"显示。

19. 若要把单元格内的数字作为文本,可通过修改该单元格的数字格式为"文本",或在输入时加上一个"单引号",Excel 就会把该数字作为文本处理,并进行"左"对齐。

20. 在复制的数据内容中含有公式或特定格式时,可通过"选择性粘贴"方式只粘贴需要的内容。

21. 在选择性粘贴时,粘贴链接可以使复制的数据与原数据修改时保持一致(即引用单元格)。

22. 在 Excel 电子表格中,自定义序列的完成是通过选择"开始"→"编辑"→"填充"→"序列"命令实现的。

23. 对 Excel 工作表进行智能自动填充时,鼠标移至填充起始单元格右下角,变为实心细十字后按住鼠标左键并拖动。

24. 在 A1、A2 单元格中分别输入第一季度、第二季度,选中 A1:A2 区域,使用填充柄功能填充,在 A4 单元格内生成的信息是第二季度。

25. 冻结窗格操作是将工作表中的某些行或列固定在屏幕视图的特定位置,使得当用户滚动浏览其他数据时,被冻结的部分始终保持可见。此功能可在"视图"选项卡中实现。

26. 在 Excel 电子表格中,数据清单中的一行数据称为一条记录。

27. 在 Excel 电子表格中,若希望打印内容处于页面中心,可以选择"页面布局"→"页面设置"→"页边距"→"居中方式"的水平居中和垂直居中。

28．Excel 电子表格提供的主题样式修改包括"颜色""字体""效果"。

29．在 Excel 电子表格中，"插入工作表行"功能可使光标所在单元格"上方"插入新行，"插入工作表列"功能可使光标所在单元格"左侧"插入新列。

30．在 Excel 工作表的单元格中输入公式时，应先输入"＝"。

31．如果 Excel 电子表格某单元格显示为"＃DIV/0!"，则表示公式错误。

32．在 Excel 电子表格中，要判断多个条件是否都为真，可以使用 AND 函数。

33．在 Excel 电子表格中，要返回两个日期之间相隔的天数、月数或者年数，可以使用 DATEDIF 函数。

34．Excel 电子表格单元格区域引用分为"相对引用""绝对引用""混合引用"，其主要区分方法是行号或列号前是否有"＄"符号，带"＄"符号的行号或列号在自动填充时将固定不变，对工作表中公式单元格进行移动或复制时，其公式中的绝对地址不变，相对地址自动调整。

35．在 Excel 电子表格中，各运算符的优先级由高到低的顺序为算术运行符—字符串运算符—比较运算符。

36．在 Excel 电子表格中函数是预先定义好的特殊公式，很多函数均需要设置参数，其中各参数之间一般用"，"分隔。

37．在 Excel 电子表格中，IF 函数最多可以设置 3 个参数。

38．Excel 工作表中的公式如果是引用单元格名称区域作为其参数的，当删除区域中某行或列后该公式参数的区域范围也将相应缩小。

39．一个函数可以作为另外一个函数的参数使用，实现函数嵌套。

40．SUM 函数求单元格区域数值的和，AVERAGE 函数求算数平均数，MAX 函数求数值中的最大值，MIN 函数求数值中的最小值，COUNT 函数求包含数字的单元格个数。

41．MID 函数的作用是从一个给定的文本字符串中提取指定数量的字符，其计算结果为字符串型数据。

42．RANK 函数可以返回一个数字在一组数据中的位次。需要注意的是，参数是否需要使用绝对引用。

43．对选定的单元格和区域命名时，需要选择"公式"选项卡→"定义的名称"→"名称管理器"工具。

44．在 Excel 电子表格中要录入身份证，单元格数字分类应选择"文本"格式才能保证身份证能完整输入。因为通常身份证号码位数超过 15 位，为了节省存储空间和提高计算效率，Excel 电子表格会对数值用科学记数法表示，导致显示不完整而丢失数据。

45．Excel 电子表格中要实现对数据按某个字段进行分类汇总，需要先使相同字段记录集中在一起，即对该字段进行"排序"操作后，再进行相关汇总。排序方式有简单排序、复杂排序、自定义排序。

46．常用的数据分析与处理方法包括对数据管理与数据挖掘的分析，其中数据管理包括数据的排序、筛选、汇总和透视。

47．在 Excel 电子表格中，在对数据清单进行高级筛选时，筛选的条件区域中写在同一行中内容表示"与"关系,写在不同行中的内容表示"或"关系。

48．对数据表进行自动筛选时,所选数据表的每个字段名旁都对应着一个下拉菜单,完成数据筛选后,只显示符合条件的数据记录,其他数据则被隐藏起来。

49．数据透视表是可以实现对数据进行快速汇总和建立交叉列表的交互式表格。

50．图表是指将表格中的数据以图形的形式表示出来,能使数据表现更加形象和可视化,方便用户了解数据的内容、走势和规律。

51．在 Excel 电子表格的图表中,一般使用图表类型中"饼图"表述各组成部分所占百分比。如果要将图表存放在单个单元格中,可使用"迷你图"。

52．"树状图"适合展示数据之间的层级和占比关系。图中矩形的面积代表数值的大小,颜色和排列代表数据的层级关系。

53．在 Excel 电子表格的图表中,水平 X 轴通常用来作为分类轴,垂直 Y 轴作为数值轴,工作表内的数据与插入的图表内容实时同步。

54．已经插入的图表,可以使用"图表工具"中的"设计"选项卡,单击"更改图表类型"按钮来改变图表的类型。

3.1.3　演示文稿设计

1．演示文稿分为阅读型和演讲型(展示型)。

2．演示文稿的基本组成单元是幻灯片。

3．PowerPoint 2016 演示文稿默认的文件扩展名是". pptx",可以多次被不同演示文稿文档使用的模板的扩展名是". potx"。

4．在演示文稿中,需要使用帮助时可以按 F1 键。

5．PowerPoint 文档打印时可选择的颜色效果有彩色、灰度、纯黑白。

6．在 PowerPoint 2016 中,主题为整个演示文稿设置一组统一的设计风格,使工具有统一的颜色、字体和效果。

7．PowerPoint 支持在主题选定后,更改配色方案。配色方案设置包括"文字/背景""着色""超链接"选项。PPT 的配色方案有 RGB 模式和 HSL 模式。

8．新建演示文稿,第一张幻灯片的默认版式是"标题幻灯片"。

9．幻灯片中对象的布局可选择"幻灯片版式"来设置,通过选择"开始"→"幻灯片"→"版式"功能,可对当前幻灯片的版式进行更换。版式的多少和具体设定由"母版"决定。

10．在演示文稿中,使用"视图"选项卡的"幻灯片母版"命令,可以进入"幻灯片母版"视图。

11．演示文稿的标题幻灯片版式中的虚线框是"占位符",主要为将来需要插入的文本和图形等预留位置。

12．在幻灯片浏览视图中,可进行插入、删除、复制(Ctrl 键＋鼠标拖动)或移动(鼠标拖动)幻灯片操作。

13．演示文稿的视图包括普通(最常用的编辑视图)、大纲视图(显示文本大纲部分,便于整理逻辑层次)、幻灯片浏览(以缩略图形式查看多张幻灯片,但不能编辑幻灯片中具体内容)、备注页(显示当前选定幻灯片及其对应的备注信息)、阅读视图(阅读和预览演示文稿）。

14. 在演示文稿中，双击预留区中的"图表"按钮后启动的是 Excel 电子表格。

15. 新建幻灯片的快捷键是 Ctrl+M。

16. 创建幻灯片副本的快捷键是 Ctrl+Shift+D。

17. 在演示文稿中，按 Ctrl+P 快捷键可以将幻灯片从打印机输出。

18. 在演示文稿中，拼写检查的功能键是 F7。

19. 在演示文稿编辑中，按 Ctrl+A 快捷键可以选定全部对象。

20. 使用演示文稿的大纲视图方式时，输入标题后，直接按 Enter 键会新建幻灯片，若要在当前幻灯片内输入文本内容，需要按 Ctrl+Enter 快捷键，然后输入文本内容。

21. 在幻灯片浏览视图下，复制幻灯片，执行"粘贴"命令，将复制的幻灯片"粘贴"到当前选定的幻灯片之后。

22. 选择"设计"选项卡的"幻灯片大小"工具可更改幻灯片的大小。

23. 在演示文稿中，可以通过"设置背景格式"对话框，设置背景的填充、图片更正、图片颜色和艺术效果。

24. 在演示文稿中，要停止正在放映的幻灯片需按 Esc 键返回原来的视图。

25. 在 PowerPoint 2016 中，利用"节"可以将幻灯片分组，从而方便导航，简化管理，增强幻灯片管理的层次性。

26. 演示文稿中超级链接的链接对象可以是现有文件或网页、本文档中的位置、新建文档、电子邮件。

27. 在演示文稿中，将动作按钮从一张幻灯片复制到另一张幻灯片后，会将动作按钮和之上的超链接一起复制。

28. 在 PowerPoint 2016 中，单击"插入"→"媒体"→"音频"或"视频"工具后，会自动显示"音频（视频）工具/格式"和"音频（视频）工具/播放"动态选项卡。

29. 在演示文稿中，为了在"切换"幻灯片时播放声音，可以使用"切换"选项卡的"声音"命令。

30. 幻灯片的切换方式是指在幻灯片放映时两张幻灯片间的过渡形式。

31. "切换"选项卡的"计时"组中"换片方式"有自动换片和手动换片，可以同时选择"单击鼠标时"（手动）和"设置自动换片时间"（自动）两种换片方式。

32. 选择幻灯片中某个对象，利用"动画"选项卡的"添加动画"按钮为该对象设置添加动画效果。

33. 在演示文稿中动画效果分为 4 类：进入（基本、细微、温和、华丽）、强调（基本、细微、温和、华丽）、退出（基本、细微、温和、华丽）、动作路径（基本、直线和曲线、特殊）。

34. 在演示文稿幻灯片中，可以通过"动画刷"在对象之间复制动画效果。

35. PowerPoint 触发器动画除使用鼠标单击对象的方式触发外，还可以使用"书签"来触发动画。

36. 在演示文稿中，如果要演示计算机操作过程，可以使用"屏幕录制"命令，将操作过程提前插入幻灯片中。

37．在幻灯片中插入的图片、图形等对象，对象放置的位置可以重叠，叠放的顺序可以改变。

38．在放映 PowerPoint 演示文稿时，按 Ctrl＋L 快捷键可启用激光笔。

39．在演示文稿中，若在播放时希望跳过某张幻灯片可以选择"幻灯片放映"选项卡的"隐藏幻灯片"工具，也可以通过"自定义幻灯片放映"进行设置。

40．在演示文稿中，演示文稿的放映方式可以设置为"演讲者放映（全屏幕）""观众自行浏览（窗口）""在展台浏览（全屏幕）"。

41．在演示文稿中，要使幻灯片在放映时能够自动播放，需要为其设置"排练计时"。通过此设置还能预先统计出放映整个演示文稿和每张幻灯片所需的大致时间。

42．在演示文稿中，要切换到"幻灯片放映"视图模式，可直接按 F5 功能键。

43．通过使用两台显示器（如笔记本电脑屏幕和投影仪），演讲者可以在一台显示器上查看演示者视图，而在另一台显示器上向观众展示不含备注的全屏幻灯片，在没有第二台显示器的情况下，也可以通过按 Alt＋F5 快捷键在单个屏幕上模拟演示者视图进行练习。

44．PowerPoint 有 3 种母版类型：幻灯片母版、讲义母版、备注母版。

45．在同时都设置背景格式时，显示的优先级是幻灯片版式—母版。

3.2　典型试题分析和重点难点操作

题型 1：文字信息处理。

打开"C:\练习一\素材\Word.docx"文件，参照图 3-1 所示的样张，按要求进行编辑和排版，并将结果以原文件名保存在"C:\KS"文件夹中。

1．将全文字体设置为宋体、五号，各段首行缩进 2 字符，整篇文档设置页边距上下 2.5 厘米、左右 3 厘米。

（1）按 Ctrl＋A 快捷键全选文字，选择"开始"选项卡，打开"字体"组对话框，将"中文字体"选为"宋体"，将"字号"选为"五号"，单击"确定"按钮（或利用字体组内常用工具设置），如图 3-2 所示。

（2）选择"开始"选项卡，打开"段落"组对话框，选择"缩进和间距"选项卡，将"特殊"选为"首行"，将"缩进值"设为"2 字符"，单击"确定"按钮，如图 3-3 所示。

（3）选择"布局"选项卡，打开"页面设置"组对话框，选择"页边距"选项卡，页边距上下设为 2.5 厘米，左右设为 3 厘米，单击"确定"按钮，如图 3-4 所示。

2．将标题"世界技能大赛"修改为艺术字，艺术字样式：第 1 行第 3 列"填充：橙色，主题色 2；边框：橙色，主题色 2"，上下型环绕，水平居中页边距，垂直顶端对齐页边距。

（1）选中标题"世界技能大赛"，选择"插入"→"文本"→"艺术字"→"填充：橙色，主题色 2；边框：橙色，主题色 2"样式，如图 3-5 所示。

（2）选中插入的艺术字，选择"形状格式"→"排列"→"环绕文字"→"上下型环绕"选

图 3-1　Word 样张

项，如图 3-6 所示。

（3）选中插入的艺术字，选择"形状格式"→"排列"→"位置"→"其他布局选项"，选择"位置"选项卡，将"水平对齐方式"选为"相对于页边距居中"，"垂直对齐方式"选为"相对于页边距顶端对齐"，单击"确定"按钮，如图 3-7 所示。

3.　正文第 2 段设置首字下沉 2 行，黑体。为"最好成绩"设置字符间距加宽 5 磅、突出显示颜色"青绿"色，添加拼音指南，偏移量 3 磅，字号 6 磅。

图 3-2 设置字体和字号

图 3-3 设置段落首行缩进

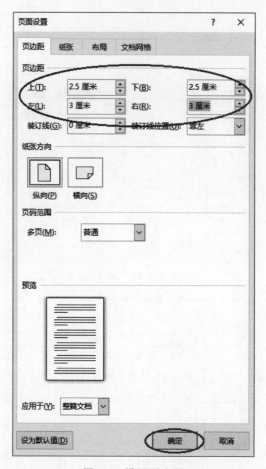

图 3-4　设置页边距

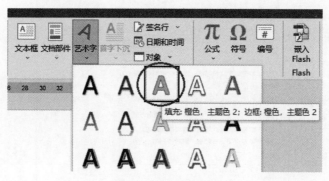

图 3-5　添加艺术字

（1）选中第 2 段，选择"插入"→"文本"→"首字下沉"→"首字下沉选项"，将"位置"选为"下沉"，"字体"选为"黑体"，"下沉行数"设为"2"，单击"确定"按钮，如图 3-8 所示。

（2）选中文字"最好成绩"，选择"开始"选项卡，打开"字体"对话框，选择"高级"选项卡，将"字符间距"列表框中的"间距"选为加宽、"磅值"设为"5 磅"，单击"确定"按钮，如图 3-9 所示。

图 3-6　设置艺术字环绕文字方式

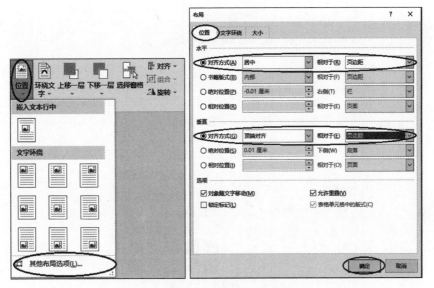

图 3-7　设置艺术字位置

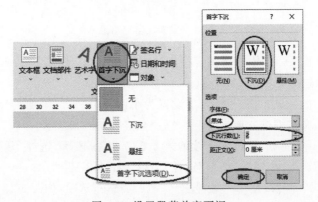

图 3-8　设置段落首字下沉

图 3-9　设置字体间距

（3）选择"开始"→"字体"→"文本突出显示颜色"→"青绿色"选项，如图 3-10 所示。

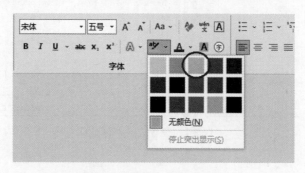

图 3-10　设置文本突出显示

　　（4）选择"开始"→"字体"→"拼音指南"工具，将"偏移量"设为"3 磅"、"字号"设为"6 磅"，单击"确定"按钮，如图 3-11 所示。

　　4. 正文第 3、5、7、9、11 段字体大小设置为小四号，加粗。添加编号，调整列表缩进：编号位置 0 厘米，文本缩进 0 厘米，编号之后"空格"，如样张所示。

　　（1）按住 Ctrl 键不放，选择不连续的第 3、5、7、9、11 段落，选择"开始"→"字体"→常用工具，将"字号"选为"小四"，"字形"选择"加粗"，如图 3-12 所示。

　　（2）选择"开始"→"段落"→"编号"→"一、二、三…"选项，如图 3-13 所示。

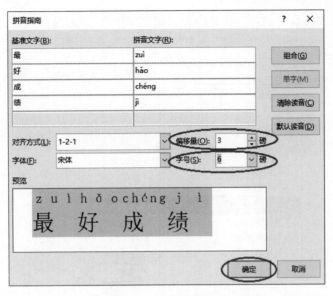

图 3-11 设置拼音指南

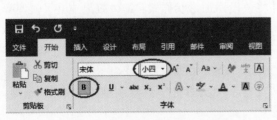

图 3-12 设置字体字形和字号

图 3-13 设置段落编号

（3）选择添加的编号，右击，在弹出的快捷菜单中选择"调整列表缩进"选项，在"调整列表缩进量"对话框中将"编号位置"设为"0 厘米"、"文本缩进"设为"0 厘米"，"编号之后"选为"空格"，单击"确定"按钮，如图 3-14 所示。

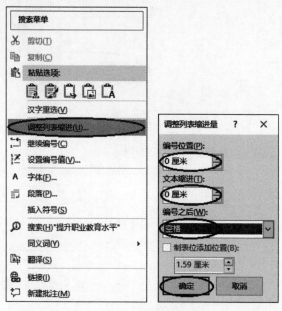

图 3-14　调整列表缩进

5. 将第 1～12 段中所有"世界技能大赛"替换为字体：Times New Roman，加粗，倾斜，橙色的"World Skills Competition"。

选中正文第 1～12 段，选择"开始"→"编辑"→"替换"工具，在"查找内容"中输入"世界技能大赛"，在"替换为"中输入"WorldSkills Competition"，单击"更多"按钮；选择"格式"→"字体"选项，将"西文字体"设为"Times New Roman"，"字形"设为"加粗 倾斜"，"字体颜色"设为橙色，单击"确定"按钮；单击"全部替换"按钮，替换 8 处，不搜索文档其余部分，如图 3-15 所示。

6. 将正文第 4 段分为等宽两栏，加分隔线。

选中正文第 4 段，选择"布局"→"页面设置"→"栏"→"更多栏"选项，"预设"选择两栏，选中"栏宽相等"和"分隔线"复选框，将"应用于"选为"所选文字"，单击"确定"按钮，如图 3-16 所示。

7. 为正文第 13 段设置 1.5 倍行距，并将该段添加形状样式：细微效果-橙色，强调颜色 2，形状效果：预设 5 的文本框。

（1）选中正文第 13 段，选择"开始"选项卡，打开"段落"组对话框，选择"缩进和间距"选项卡，将"行距"选为"1.5 倍行距"，单击"确定"按钮，如图 3-17 所示。

（2）选中正文第 13 段，选择"插入"→"文本"→"文本框"→"绘制横排文本框"选项，如图 3-18 所示。

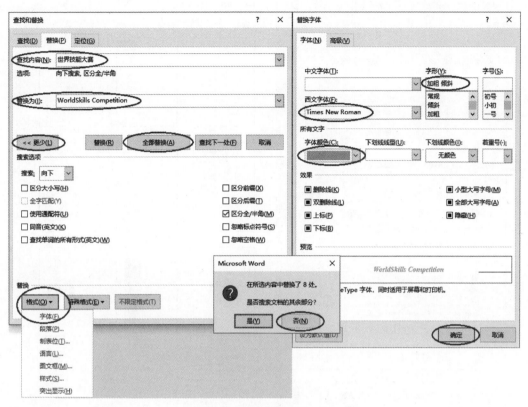

图 3-15　查找和替换文字

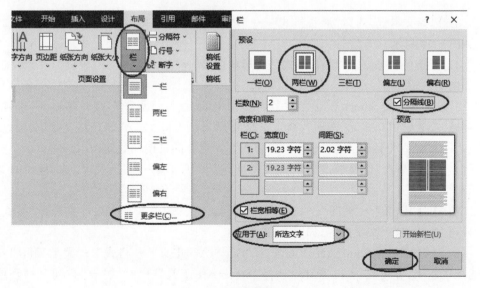

图 3-16　设置段落分栏

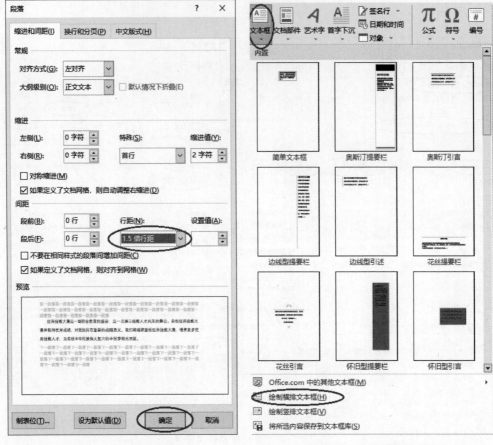

图 3-17 调整段落行距   图 3-18 绘制横排文本框

（3）选择文本框，选择"形状格式"→"形状样式"→"细微效果-橙色，强调颜色 2"选项，如图 3-19 所示。

（4）选择文本框，选择"形状格式"→"形状样式"→"形状效果"→"预设"→"预设 5"选项，如图 3-20 所示。

8. 在页眉插入 SmartArt 图："关系"类别中的"线性维恩图"，按样张输入"卓越、公平、创新、公正、合作、多元、透明"，高 1.1 厘米、宽 11 厘米，"嵌入式"环绕文字，居中，更改颜色：彩色范围-个性色 4 至 5。在页脚插入自动更新的日期和时间，右对齐。

（1）选择"插入"选项卡，选择"页眉和页脚"→"页眉"→"编辑页眉"选项，如图 3-21 所示。

（2）选择"插入"→"插图"→"SmartArt 工具"，选择"关系"→"线性维恩图"版式，单击"确定"按钮，输入文字内容，如图 3-22 所示。

（3）选择插入的 SmartArt 图形，选择"SmartArt 工具"→"格式"→"大小"组，将高度设为 1.1 厘米，宽度设为 11 厘米；选择"SmartArt 工具"→"格式"→"排列"→"环绕文字"→"嵌入型"选项。选择"开始"→"段落"→"居中对齐"工具，如图 3-23 所示。

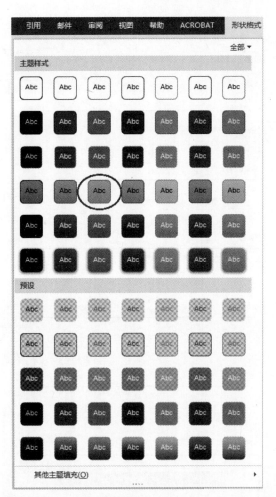

图 3-19　设置文本框形状样式

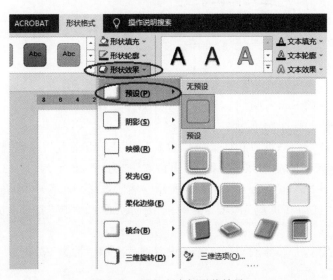

图 3-20　调整文本框形状效果

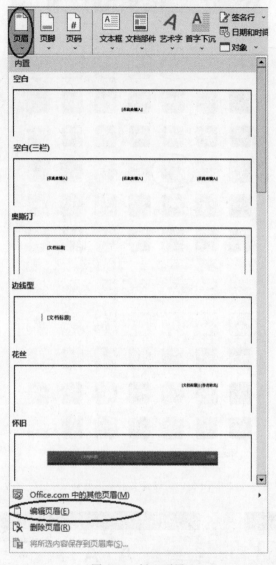

图 3-21　插入页眉

（4）选择插入的 SmartArt 图，选择"SmartArt 设计"→"更改颜色"→"彩色范围-个性色 4 至 5"选项，如图 3-24 所示。

（5）选择页脚，选择"页眉和页脚"→"插入"→"日期和时间"工具，将"语言（国家/地区）"选为"中文（简体，中国大陆）"，将"可用格式"选为"2023 年 12 月 12 日"，选中"自动更新"复选框，单击"确定"按钮，如图 3-25 所示。然后选择"开始"→"段落"→"居中对齐"工具后，再选择"页面和页脚"选项卡，单击"关闭页眉和页脚"按钮（或双击正文退出页脚）。

9. 利用"C:\练习一\素材\Logo.jpg"设置图片水印、"冲蚀"效果，为页面添加页面边框：红色心形的艺术型。

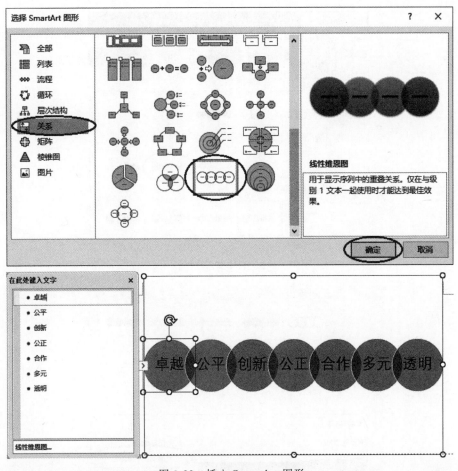

图 3-22 插入 SmartArt 图形

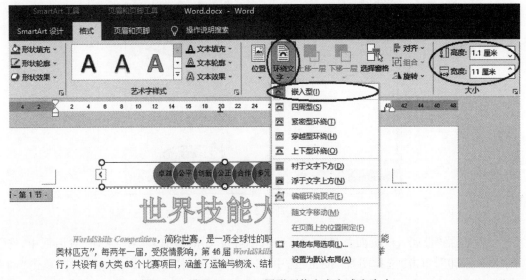

图 3-23 设置 SmartArt 图形环绕文字方式和大小

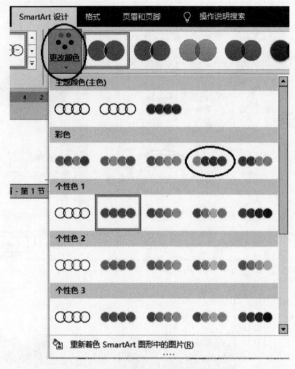

图 3-24　更改 SmartArt 图形颜色

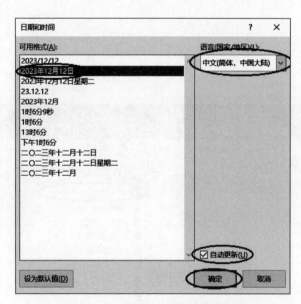

图 3-25　插入自动更新的日期和时间

（1）选择"设计"→"页面背景"→"水印"→"自定义水印"选项，在"水印"对话框中，选择"图片水印"，单击"选择图片"按钮，选中"C:\练习一\素材\Logo.jpg"文件，单击"确定"按钮；然后选中"冲蚀"复选框，单击"确定"按钮，如图 3-26 所示。

图 3-26　添加自定义水印

（2）选择"设计"→"页面背景"→"页面边框"工具,在"边框和底纹"对话框中,选择"页面边框"选项卡,将"艺术型"选为红色心形,将"应用于"选为"整篇文档",单击"确定"按钮,如图 3-27 所示。

10.将正文最后两段文本转换成 4 列 2 行的表格,固定列宽:3 厘米,表格样式:网格表 4-着色 2,表格内容与整表居中对齐。

（1）选中正文最后两段文本,选择"插入"→"表格"→"文本转换成表格"选项,在"将文字转换成表格"对话框中,将"表格尺寸"的"列数"设为 4;"'自动调整'操作"选为"固定列宽",并设为 3 厘米;将"文字分隔位置"选为空格,单击"确定"按钮,如图 3-28 所示。

（2）选中插入的表格,选择"表设计"→"表格样式"→"网格表 4-着色 2"选项,如图 3-29所示。

（3）选中插入的表格,选择"布局"→"对齐方式"→"水平居中"工具(表内容在单元格内居中),选择"开始"→"段落"→"居中"工具(整表居中),如图 3-30 所示。

11.在文末相应位置插入形状:"基本形状"中的"笑脸",高 1 厘米、宽 1 厘米,形状样式:彩色轮廓-橙色,强调颜色 2,环绕文字:浮于文字上方。

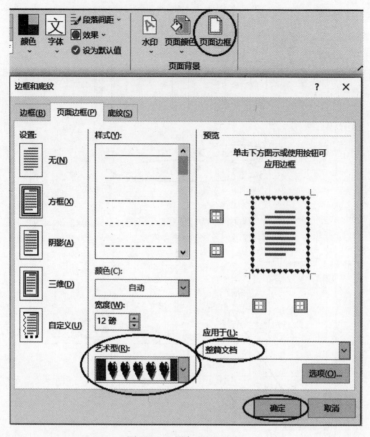

图 3-27　添加页面边框

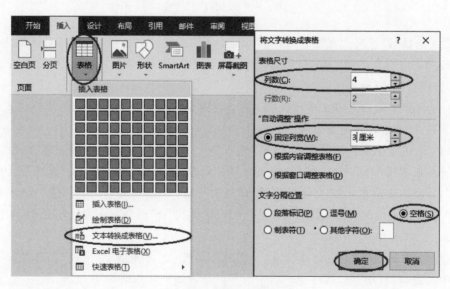

图 3-28　文本转换成表格

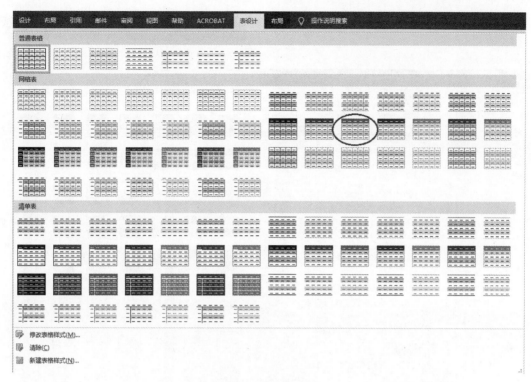

图 3-29 设置表格样式

图 3-30 设置表内容居中

（1）选择"插入"→"插图"→"形状"→"基础形状：笑脸"选项，按住鼠标左键在正文中拖动画出形状，如图 3-31 所示。

（2）选择"笑脸"形状，选择"形状格式"→"形状样式"→"彩色轮廓-橙色，强调颜色 2"选项，如图 3-32 所示。

（3）选择"笑脸"形状，选择"形状格式"→"排列"→"环绕文字"→"浮于文字上方"选项，选择"形状格式"→"大小"，将高度和宽度均设为 1 厘米，如图 3-33 所示。

12. 在艺术字左侧插入图片"C:\练习一\素材\Logo.jpg"，图片高 2 厘米、宽 3 厘米，浮于文字上方，位置：水平相对于页边距左对齐，垂直相对于页边距顶端对齐。

（1）选择"插入"→"插图"→"图片"→"此设备"选项，如图 3-34 所示；选中"C:\练习一\素材\Logo.jpg"文件，单击"确定"按钮。

（2）选中插入的图片，打开"布局"对话框，选择"大小"选项卡，取消选择"锁定纵横比"复选框，将高度绝对值设为 2 厘米，宽度绝对值设为 3 厘米，如图 3-35 所示。

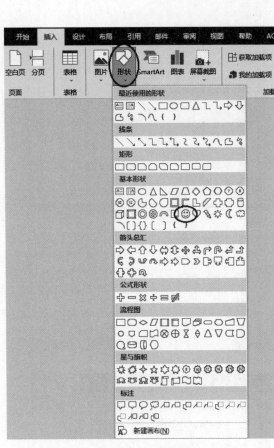

图 3-31　插入形状

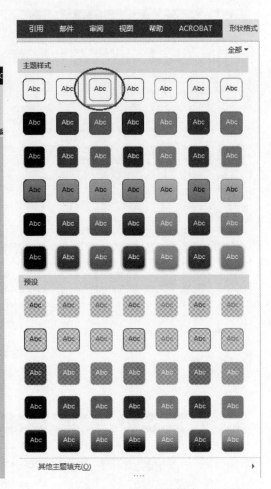

图 3-32　设置形状样式

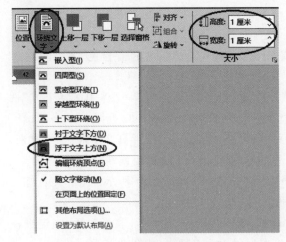

图 3-33　设置形状环绕文字方式和大小

图 3-34　插入图片

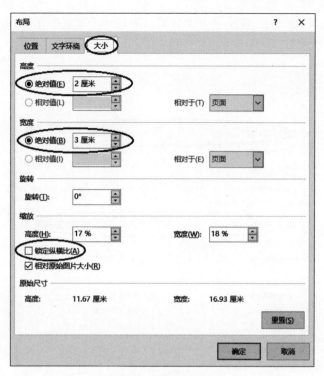

图 3-35　设置图片大小

（3）选择"文字环绕"选项卡，将"环绕方式"选为"浮于文字上方"，如图 3-36 所示。

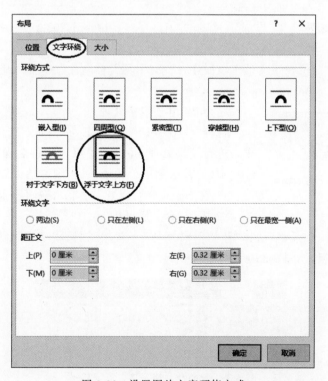

图 3-36　设置图片文字环绕方式

（4）选择"位置"选项卡，将水平对齐方式选为相对于页边距左对齐，垂直对齐方式选为相对于页边距顶端对齐，单击"确定"按钮，如图 3-37 所示。

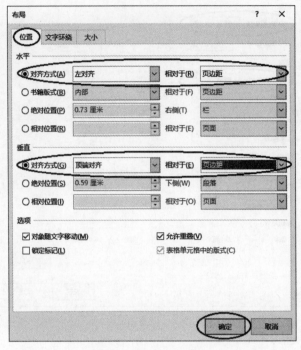

图 3-37　设置图片位置

13. 为正文第 1 段添加尾注："https://worldskills2022. com/cn/event/skills/index. html"。

将鼠标指针定位在正文第 1 段段尾，选择"引用"→"题注"→"插入尾注"工具，输入尾注内容，如图 3-38 所示。

图 3-38　插入尾注

题型 2：电子表格处理。

打开"C:\练习一\素材\Excel. xlsx"文件，按要求对各工作表进行编辑处理，并将结果以原文件名保存在"C:\KS"文件夹中（计算必须用公式函数，否则答题无效）。

1. 在 Sheet1 中，设置 A1 单元格内容宋体，26 磅，加粗，A1:N1 区域"合并后居中"。

（1）选中 A1 单元格，选择"开始"→"字体"→常用工具，将字体选为宋体，字号选为26，字形选择加粗，如图 3-39 所示。

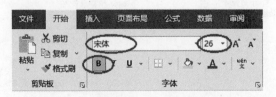

图 3-39　设置单元格字体、字形和字号

（2）选中 A1:N1 区域,选择"开始"→"对齐方式"→"合并后居中"工具,如图 3-40
所示。

图 3-40 区域单元格合并后居中

2. 插入新的第 2 行,A2 单元格输入"单位：万吨",设置字体：华文彩云,18 磅,A2:
N2 水平跨列居中。

（1）单击行号 2 选中第 2 行,选择"开始"→"单元格"→"插入"→"插入工作表行"选
项,如图 3-41 所示。

（2）选中 A2 单元格,输入"单位：万吨",选择"开始"→"字体"→常用工具,将字体选
为华文彩云,字号选为 18,字形取消选择加粗,如图 3-42 所示。

图 3-41 插入工作表行

图 3-42 设置单元格字体和字号

（3）选中 A2：N2 区域,选择"开始"选项卡,打开"对齐方式"组对话框,在"设置单元
格格式"对话框中,选择"对齐"选项卡,将"水平对齐"选为"跨列居中",单击"确定"按钮,
如图 3-43 所示。

3. 利用函数和公式,在 M 列计算各省、自治区、直辖市（以下简称为省区市）水泥产
量"合计",结果以数值类型保存并保留整数；在 N 列分析各省区市水泥产量情况（产量合
计大于 10000 为"多",小于等于 5000 为"少",其余为"中"）。

（1）选中 M4 单元格,选择"开始"→"编辑"→"自动求和"→"求和"选项,查看 SUM
函数参数的取值范围是否正确（C4:L4）,按 Enter 键确认,如图 3-44 所示。

（2）选中 M4 单元格,选择"开始"选项卡,打开"数字"组对话框,在"设置单元格格
式"对话框中,选择"数字"选项卡,将"分类"选为"数值",将"小数位数"选为 0,单击"确
定"按钮,如图 3-45 所示。

（3）选中 M4 单元格,鼠标移动至单元格右下角的填充柄（鼠标指针变成一个黑色十
字形箭头）,按住鼠标左键不放,鼠标向下拖动（或双击填充柄）,通过自动填充计算其他省
区市的合计值,如图 3-46 所示。

（4）选中 N4 单元格,选择"公式"→"插入函数"工具（或单击编辑栏左侧 f_x）,选择 IF

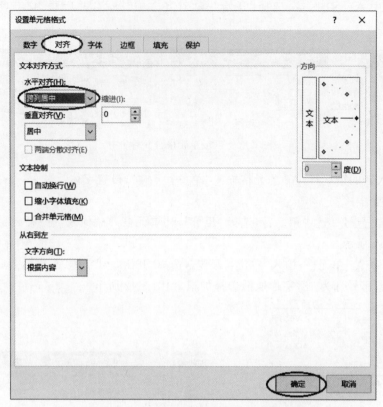

图 3-43　调整单元格文本对齐方式

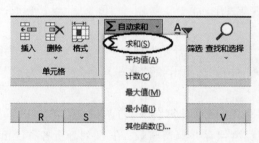

图 3-44　自动求和

函数，在"Logical_test"输入框中输入"M4＞10000"，"Value_if_true"输入框输入"多"，选择"Value_if_false"输入框，在"名称框"下拉列表内选中 IF 函数，如图 3-47 所示；在"Logical_test"输入框中输入"M4＞5000"，"Value_if_true"输入框中输入"中"，"Value_if_false"输入框中输入"少"，单击"确定"按钮，如图 3-48 所示。

　　（5）选中 N4 单元格，鼠标移动至单元格右下角的填充柄（鼠标指针变成一个黑色十字形箭头），按住鼠标左键不放并向下拖动（或双击填充柄），通过自动填充计算其他省区市的产量情况。

　　4. 利用条件格式，将 C4:L34 区域中产量大于 1300 的单元格设置为"浅红填充色深红色文本"格式，再将 M 列的合计用橙色数据条渐变填充。

图 3-45　设置单元格格式

图 3-46　自动填充其他单元格

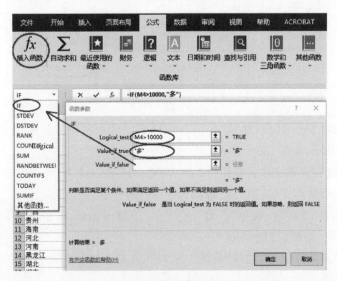

图 3-47　插入函数、输入参数并嵌套 IF 函数

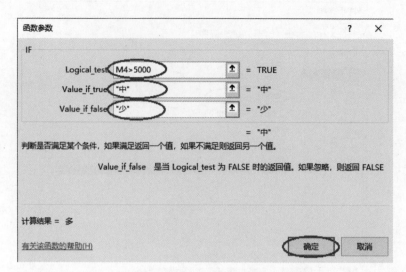

图 3-48　输入嵌套函数参数

（1）选中 C4:L34 区域，选择"开始"→"样式"→"条件格式"→"突出显示单元格规则"→"大于"选项，在"大于"对话框中的左侧输入框中输入 1300，将"设置为"选为"浅红填充色深红色文本"，单击"确定"按钮，如图 3-49 所示。

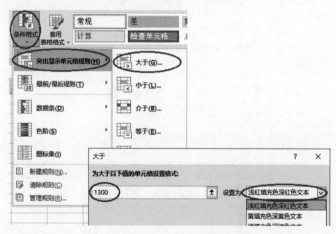

图 3-49　添加突出显示的条件格式

（2）选中 M4:M34 区域，选择"开始"→"样式"→"条件格式"→"数据条"→"橙色数据条渐变填充"选项，如图 3-50 所示。

5. 第 3 行内容设置字体：宋体，12 磅，加粗，A3:N34 区域所有内容居中对齐，所有列的列宽：最合适的列宽，所有行的行高：最合适的行高。

（1）选中 A3:N3 区域，选择"开始"→"字体"→常用工具，将字体选为宋体，字号选为 12，字形选中加粗，如图 3-51 所示。

（2）选中 A3:N34 区域，选择"开始"→"对齐方式"→"水平居中"和"垂直居中"工具，如图 3-52 所示。

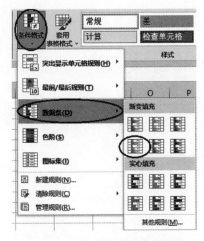

图 3-50 添加数据条的条件格式

图 3-51 设置单元格字体、字形和字号

（3）选中 A 到 N 列，选择"开始"→"单元格"→"格式"→"自动调整列宽"选项；选择 1 到 34 行，选择"开始"→"单元格"→"格式"→"自动调整行高"选项，如图 3-53 所示。

图 3-53 调整行高和列宽

图 3-52 设置单元格对齐方式

6. 为 A3:N34 区域添加框线，外边框：最粗单线，内部：最细单线，A3:N3 区域下框线为双线。

（1）选中 A3:N34 区域，选择"开始"→"字体"→"边框"→"其他边框"选项，在"设置单元格格式"对话框中，选择"边框"选项卡，将"样式"选为最粗单线后单击"外边框"按钮，再将"样式"选为最细单线后，单击"内部"按钮，然后单击"确定"按钮，如图 3-54 所示。

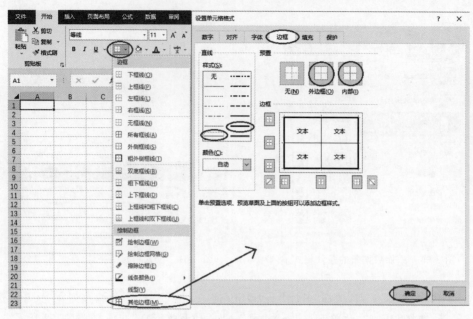

图 3-54　设置单元格边框

（2）选中 A3:N3 区域，选择"开始"→"字体"→"边框"→"其他边框"选项，在"设置单元格格式"对话框中，选择"边框"选项卡，将"样式"选为双线后单击"下边框"按钮，然后单击"确定"按钮，如图 3-55 所示。

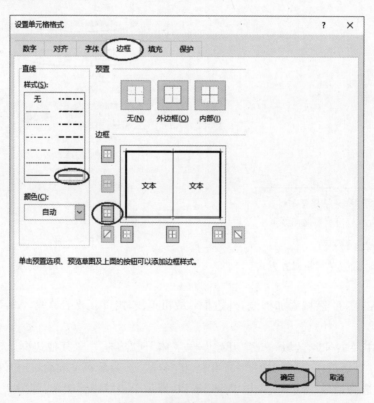

图 3-55　设置单元格下边框

7. 设置 Sheet1 纸张方向为"横向",水平、垂直居中。

（1）选择"页面布局"→"页面设置"→"纸张方向"→"横向"选项,如图 3-56 所示。

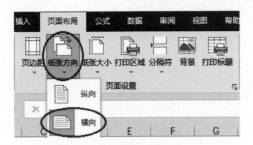

图 3-56　调整纸张方向

（2）选择"页面布局"选项卡,打开"页面设置"组对话框,选择"页边距"选项卡,将"居中方式"选中"水平"和"垂直"复选框,单击"确定"按钮,如图 3-57 所示。

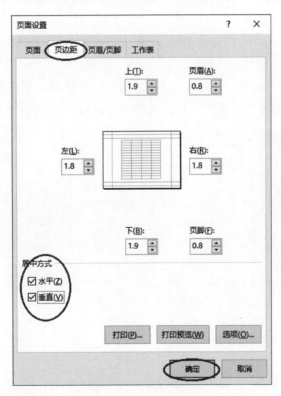

图 3-57　设置页面内容居中

8. 在 Sheet1 后新建工作表,重命名为"排序",复制 Sheet1 中 A3:M34 区域内容,选择性粘贴"数值"至"排序"工作表 A1 开始的单元格内。

（1）右击"新建工作表",在弹出的快捷菜单中选择"重命名",输入文字"排序",按 Enter 键确认,如图 3-58 所示。

（2）选择 Sheet1 工作表的 A3:M34 区域,选择"开始"→"剪贴板"→"复制"工具(Ctrl

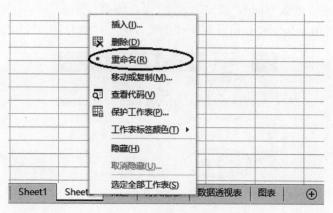

图 3-58　重命名工作表

＋C 快捷键），选中"排序"工作表的 A1 单元格，选择"开始"→"剪贴板"→"粘贴"→"粘贴数值"选项，如图 3-59 所示。

9. 在"排序"工作表中，以首要关键字"地区"按"东部，中部，西部"的自定义序列，次要关键字"合计"按"升序"进行排序。

（1）选中"排序"工作表的 A1:M32 区域（或选中该区域中的任意一个单元格），选择"开始"→"编辑"→"排序和筛选"→"自定义排序"选项，如图 3-60 所示。

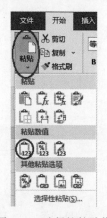

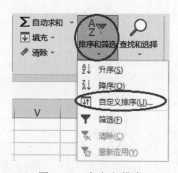

图 3-59　选择性粘贴值　　　　　　　图 3-60　自定义排序

（2）在"排序"对话框中，选中"数据包含标题"，将"排序依据"选为"地区"，"次序"选为"自定义序列"，在"自定义序列"对话框中，单击"新序列"，在"输入序列"输入框中输入"东部，中部，西部"，依次单击"添加"和"确定"按钮后，再单击"添加条件"，将"次要关键字"选为"合计"，"次序"选为"升序"，单击"确定"按钮，如图 3-61 所示。

10. 在"排序"工作表中，对 A1:M32 区域套用表格格式："中等色-蓝色，表样式中等深浅 2"，转换为区域。

（1）选中"排序"工作表的 A1:M32 区域（或选中该区域中的任意一个单元格），选择"开始"→"样式"→"套用表格格式"→"中等色-蓝色，表样式中等深浅 2"选项，在"创建

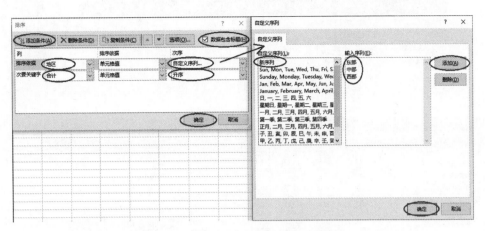

图 3-61　设置多关键字和自定义序列

表"对话框中,检查表数据的来源：＄A＄1：＄M＄32,检查选中"表包含标题",单击"确定"按钮,如图 3-62 所示。

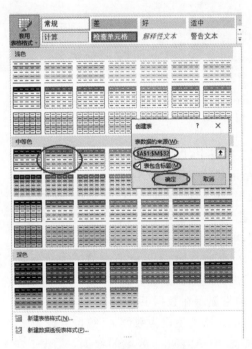

图 3-62　套用表格格式

（2）选择"表设计"→"工具"→"转换为区域"工具,如图 3-63 所示。

11. 在"筛选"工作表中,筛选出东部地区水泥产量"合计大于 10000"的数据。

选中"筛选"工作表的 A2:M33 区域（或选中该区域中的任意一个单元格）,选择"开始"→"编辑"→"排序和筛选"→"筛选"选项,单击 B2 单元格下拉箭头；选中"东部"复选框,取消选择其他地区,单击"确定"按钮,单击 M3 单元格下拉箭头；选择"数字筛选"→"大于"选项,在右侧的输入框输入 10000,单击"确定"按钮,如图 3-64 所示。

图 3-63　表格转换为区域

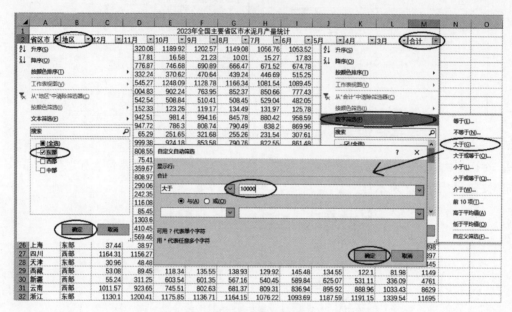

图 3-64　数据筛选

12. 在"分类汇总"工作表中，以"地区"为分类字段，汇总"合计"的平均值，汇总结果显示在数据下方，汇总结果数据保留 2 位小数。

（1）选中"分类汇总"工作表的 A2：M33 区域，选择"开始"→"编辑"→"排序和筛选"→"自定义排序"选项，在"排序"对话框中，检查选中"数据包含标题"，将"排序依据"选为"地区"，"次序"选为"升序"，单击"确定"按钮，如图 3-65 所示。

（2）选中 A2：M33 区域，选择"数据"→"分级显示"→"分类汇总"工具，在"分类汇总"对话框中，将"分类字段"选为地区，"汇总方式"选为"平均值"，"选定汇总项"选为"合计"复选框，检查选中"汇总结果显示在数据下方"，单击"确定"按钮，如图 3-66 所示；选择汇总所得数据的单元格，将单元格类型设为数值，小数位数设为 2。

13. 利用"数据透视表"中 A2：M33 区域的数据，从 A35 单元格开始插入数据透视表，以"地区"为行标签，统计"12 月"的最大值，所有结果保留整数，报表布局：以表格形式显示，数据透视表样式："白色-数据透视表样式浅色 23"。

（1）选择"数据透视表"工作表的 A35 单元格，选择"插入"→"表格"→"数据透视表"工具，在"来自表格或区域的数据透视表"对话框的"表/区域"输入框中输入 A2：M33 区域，将"选择放置数据透视表的位置"选为"现有工作表"，位置选择 A35 单元格，单击"确定"按钮，如图 3-67 所示。

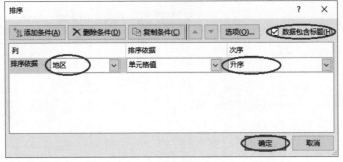

图 3-65 根据分类字段排序

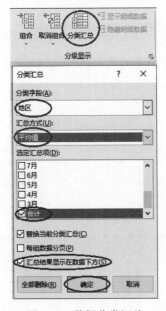

图 3-66 数据分类汇总

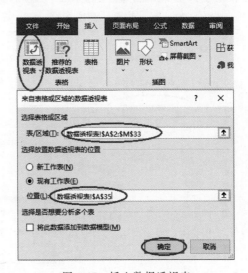

图 3-67 插入数据透视表

（2）在"数据透视表字段"对话框中，选择"地区"；按住鼠标左键不放，拖动到"行"输入框，选择"12月"；按住鼠标左键不放，拖动到"值"输入框，单击"求和项：12月"；选择"值字段设置"选项，在"值字段设置"对话框中，将"计算类型"选为"最大值"；单击"数字格式"选项，将"分类"选为"数值"，"小数位数"输入 0，单击"确定"按钮，如图 3-68 所示。

（3）选中数据透视表内任意单元格，选择"设计"→"布局"→"报表布局"→"以表格形式显示"选项；选择"设计"→"数据透视表样式"→"白色-数据透视表样式浅色 23"选项，如图 3-69 所示。

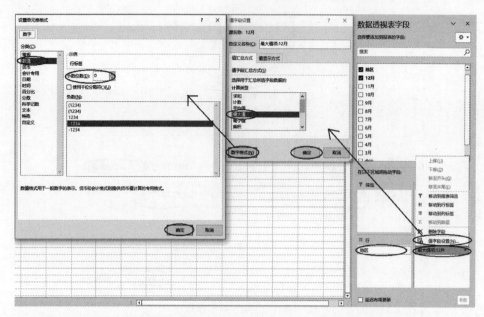

图 3-68　选择要添加到报表的字段、设置计算类型与数字格式

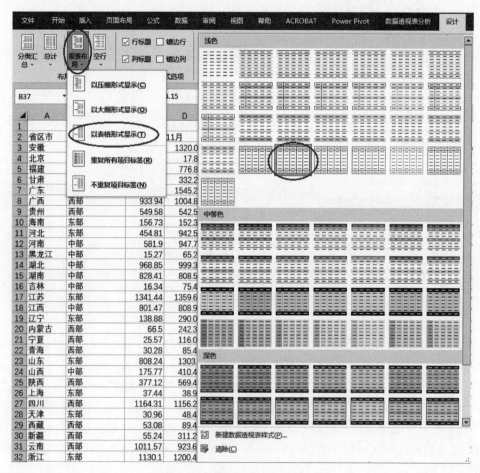

图 3-69　修改报表布局与样式

14. 参照样张所示,根据"数据透视表"工作表内数据,在"图表"工作表的 A1:H18 区域内创建簇状柱形图,图表快速布局:"布局1",标题为"7月—12月直辖市水泥产量图",图例位置在"底部",系列"重庆"以"折线图"类型显示在"次坐标轴",并添加系列"重庆"的数据标签,设置图表区边框:"圆角"和阴影:预设"透视-右上"。

(1) 选择"数据透视表"工作表,利用鼠标左键配合 Ctrl 键选择 4 个直辖市的 7月—12 月水泥产量相应单元格,选择"插入"→"图表"→"推荐的图表"工具(或直接单击插入柱形图或条形图)。在"插入图表"对话框中,选择"所有图表"选项卡,将"柱形图"选为"簇状柱形图",单击"确定"按钮。选中插入的"簇状柱形图"图表,剪切(Ctrl+X 快捷键)至"图表"工作表,图表大小调整为 A1:H18 区域,如图 3-70 所示。

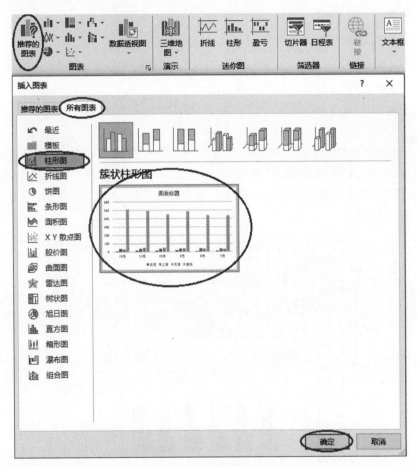

图 3-70　插入簇状柱形图

(2) 选中"图表"工作表插入的图表,选择"图表设计"→"图表布局"→"快速布局"→"布局1"选项,如图 3-71 所示;选中图表标题,修改为"7月—12月直辖市水泥产量图"。

(3) 选中插入的图表,选择"格式"选项卡,将"当前所选内容"选为"图例",单击"设置所选内容格式",在"设置图例格式"对话框中,将"图例"选项的"图例位置"选为"靠下",如图 3-72 所示。

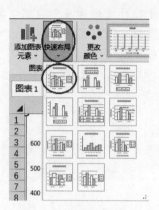

图 3-71　设置图表布局

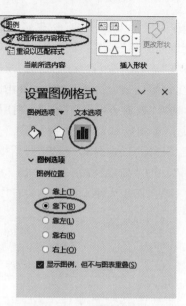

图 3-72　调整图例位置

（4）选中插入的图表，选择"图表设计"→"类型"→"更改图表类型"工具，在"更改图表类型"对话框中，选择"所有图表"选项卡，选中"组合图"类型，将"重庆"系列选为"折线图"类型并选中"次坐标轴"复选框，其他 3 个城市保持"簇状柱形图"类型，单击"确定"按钮，如图 3-73 所示。

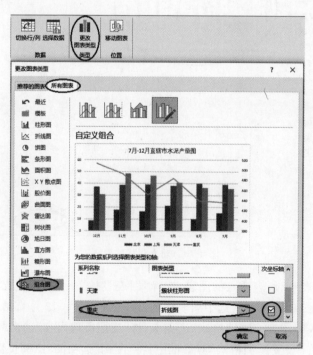

图 3-73　更改图表类型

（5）选择图表中的"重庆"系列，右击，在弹出的快捷菜单中选择"添加数据标签"选项，如图 3-74 所示。

图 3-74 添加数据标签

（6）选中插入的图表，选择"格式"选项卡，将"当前所选内容"选为"图表区"，单击"设置所选内容格式"，在"设置图表区格式"对话框中，将"填充与线条"选项卡内的"边框"选中"圆角"复选框，将"效果"选项卡内的"阴影"预设选为"透视-右上"，如图 3-75 所示。

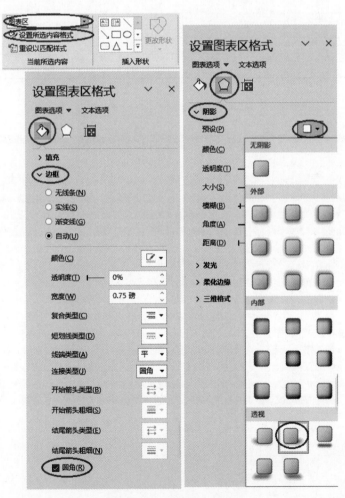

图 3-75 设置图表区格式

将"C:\练习一\素材\Excel.xlsx"文件按要求对各工作表编辑处理后，以原文件名保存在"C:\KS"文件夹中的结果，如图 3-76 所示。

2023年全国主要省区市水泥月产量统计

单位：万吨

省区市	地区	12月	11月	10月	9月	8月	7月	6月	5月	4月	3月	合计	产量情况
安徽	中部	1094.15	1320.06	1189.92	1202.57	1149.08	1056.76	1053.52	1200.1	1213.03	1412.39	11891.60	多
北京	东部	8.89	17.81	16.58	21.23	10.01	15.27	17.83	23.48	30.11	24.26	185.47	少
福建	东部	720.53	776.87	746.68	690.89	666.47	671.52	674.78	720.99	776.23	973.94	7418.90	中
甘肃	西部	172.33	332.24	370.62	470.64	439.24	446.69	515.25	478.23	382.17	359.09	3966.50	少
广东	东部	1529.88	1545.27	1248.09	1128.78	1166.34	1081.54	1089.45	1213.16	1267.86	1524.28	12794.65	多
广西	西部	933.94	1004.83	902.24	763.95	852.37	850.66	777.43	937.9	841.35	1065.78	8930.45	中
贵州	西部	549.58	542.54	508.84	510.41	508.45	529.04	482.05	554.79	539.74	668.33	5393.77	中
海南	东部	156.73	152.33	123.26	119.17	134.49	131.97	125.78	137.8	147.55	175.79	1404.87	少
河北	东部	454.81	942.51	981.4	994.16	845.78	880.42	958.59	1127.55	1101.67	1106.9	9393.79	中
河南	中部	581.9	947.72	786.3	808.74	790.49	838.2	869.96	934.13	1002.93	1169.21	8729.58	中
黑龙江	中部	15.27	65.29	251.65	321.68	255.26	231.54	307.61	235.27	187.17	93.91	1964.65	少
湖北	中部	968.85	999.38	924.18	853.58	790.76	822.55	861.48	855.03	924	1081.81	9081.62	中
湖南	中部	828.41	808.55	800.68	786.28	704.14	688.96	687.8	731.19	767.33	778.43	7581.77	中
吉林	中部	16.34	75.41	271.86	319.15	262.82	241.1	274.21	215.87	91.37		2043.00	少
江苏	东部	1341.44	1359.67	1295.31	1290.69	1298.81	1134.8	1175.09	1302.96	1284.98	1361.88	12845.63	多
江西	中部	801.47	808.97	781	745.75	674.24	665.01	622.07	725.5	680.98	809.95	7314.94	中
辽宁	东部	138.88	290.06	445.6	460.2	404.25	377.19	482.88	444.03	404.81	305.6	3753.50	少
内蒙古	西部	66.5	242.35	494.04	520.18	493.38	450.24	451.45	427.53	342.69	182.65	3671.01	少
宁夏	西部	25.57	116.08	183.04	188.75	174.43	182.31	202.46	194.63	202.32	155.62	1625.21	少
青海	西部	30.28	85.45	119.7	148.28	146.76	144.29	165.37	137.73	117.4	73.21	1168.47	少
山东	东部	808.24	1303.6	1306.81	1242	1177.75	1078.26	1364.74	1342.98	1296.88	1321.57	12242.83	多
山西	中部	175.77	410.45	523.99	504.12	476.1	501.67	517.52	513.46	483.15	426.06	4532.29	少
陕西	西部	377.12	569.46	584.94	527.58	553.66	609.24	573.51	564.5	661.92	714.77	5736.70	中
上海	东部	37.44	38.97	39.25	38.24	40.09	39.29	39.34	41.95	40.41	42.83	397.81	少
四川	西部	1164.31	1156.27	1083.99	1028.88	882.32	922.1	1034.52	1133.21	1191.43	1300.17	10897.20	多
天津	东部	30.96	48.48	46.77	40.79	36.51	35.67	54.48	51.56	51.65	48.27	445.14	少
西藏	西部	53.08	89.45	118.34	135.55	138.93	129.92	145.48	134.55	122.1	81.98	1149.38	少
新疆	西部	55.24	311.25	603.54	601.35	567.16	540.45	589.84	625.07	531.11	336.09	4761.10	少
云南	西部	1011.57	923.65	745.51	802.63	681.37	809.31	836.94	895.92	888.96	1033.43	8629.29	中
浙江	东部	1130.1	1200.41	1175.85	1136.71	1164.15	1076.22	1093.69	1187.59	1191.15	1339.54	11695.41	多
重庆	西部	513.29	493.19	451.1	436.09	439.09	436.09	458.08	490.24	502.52	520.92	4788.20	中

工作表标签：Sheet1 | 排序 | 筛选 | 分类汇总 | 数据透视表 | 图表

省区市	地区	12月	11月	10月	9月	8月	7月	6月	5月	4月	3月	合计
北京	东部	8.89	17.81	16.58	21.23	10.01	15.27	17.83	23.48	30.11	24.26	185.47
上海	东部	37.44	38.97	39.25	38.24	40.09	39.29	39.34	41.95	40.41	42.83	397.81
天津	东部	30.96	48.48	46.77	40.79	36.51	35.67	54.48	51.56	51.65	48.27	445.14
海南	东部	156.73	152.33	123.26	119.17	134.49	131.97	125.78	137.8	147.55	175.79	1404.87
辽宁	东部	138.88	290.06	445.6	460.2	404.25	377.19	482.88	444.03	404.81	305.6	3753.5
福建	东部	720.53	776.87	746.68	690.89	666.47	671.52	674.78	720.99	776.23	973.94	7418.9
河北	东部	454.81	942.51	981.4	994.16	845.78	880.42	958.59	1127.55	1101.67	1106.9	9393.79
浙江	东部	1130.1	1200.41	1175.85	1136.71	1164.15	1076.22	1093.69	1187.59	1191.15	1339.54	11695.41
山东	东部	808.24	1303.6	1306.81	1242	1177.75	1078.26	1364.74	1342.98	1296.88	1321.57	12242.83
广东	东部	1529.88	1545.27	1248.09	1128.78	1166.34	1081.54	1089.45	1213.16	1267.86	1524.28	12794.65
江苏	东部	1341.44	1359.67	1295.31	1290.69	1298.81	1134.8	1175.09	1302.96	1284.98	1361.88	12845.63
黑龙江	中部	15.27	65.29	251.65	321.68	255.26	231.54	307.61	235.27	187.17	93.91	1964.65
吉林	中部	16.34	75.41	271.86	321.68	262.82	241.1	274.21	215.87	91.37		2043
山西	中部	175.77	410.45	523.99	504.12	476.1	501.67	517.52	513.46	483.15	426.06	4532.29
江西	中部	801.47	808.97	781	745.75	674.24	665.01	622.07	725.5	680.98	809.95	7314.94
湖南	中部	828.41	808.55	800.68	786.28	704.14	688.96	687.8	731.19	767.33	778.43	7581.77
河南	中部	581.9	947.72	786.3	808.74	790.49	838.2	869.96	934.13	1002.93	1169.21	8729.58
湖北	中部	968.85	999.38	924.18	853.58	790.76	822.55	861.48	855.03	924	1081.81	9081.62
安徽	中部	1094.15	1320.06	1189.92	1202.57	1149.08	1056.76	1053.52	1200.1	1213.03	1412.39	11891.6
西藏	西部	53.08	89.45	118.34	135.55	138.93	129.92	145.48	134.55	122.1	81.98	1149.38
青海	西部	30.28	85.45	119.7	148.28	146.76	144.29	165.37	137.73	117.4	73.21	1168.47
宁夏	西部	25.57	116.08	183.04	188.75	174.43	182.31	202.46	194.63	202.32	155.62	1625.21
内蒙古	西部	66.5	242.35	494.04	520.18	493.38	450.24	451.45	427.53	342.69	182.65	3671.01
甘肃	西部	172.33	332.24	370.62	470.64	439.24	446.69	515.25	478.23	382.17	359.09	3966.5
新疆	西部	55.24	311.25	603.54	601.35	567.16	540.45	589.84	625.07	531.11	336.09	4761.1
重庆	西部	513.29	493.19	451.1	436.09	439.09	436.09	458.08	490.24	502.52	520.92	4788.2
贵州	西部	549.58	542.54	508.84	510.41	508.45	529.04	482.05	554.79	539.74	668.33	5393.77
陕西	西部	377.12	569.46	584.94	527.58	553.66	609.24	573.51	564.5	661.92	714.77	5736.7
云南	西部	1011.57	923.65	745.51	802.63	681.37	809.31	836.94	895.92	888.96	1033.43	8629.29
广西	西部	933.94	1004.83	902.24	763.95	852.37	850.66	777.43	937.9	841.35	1065.78	8930.45
四川	西部	1164.31	1156.27	1083.99	1028.88	882.32	922.1	1034.52	1133.21	1191.43	1300.17	10897.2

工作表标签：Sheet1 | 排序 | 筛选 | 分类汇总 | 数据透视表 | 图表

图 3-76　电子表格处理结果示例

表1（筛选）

省区市	地区	12月	11月	10月	9月	8月	7月	6月	5月	4月	3月	合计
广东	东部	1529.88	1545.27	1248.09	1128.78	1166.34	1081.54	1089.45	1213.16	1267.86	1524.28	12795
江苏	东部	1341.44	1359.67	1295.31	1290.69	1298.81	1134.8	1175.09	1302.96	1284.98	1361.88	12846
山东	东部	808.24	1303.6	1306.81	1242	1177.75	1078.26	1364.74	1342.98	1296.88	1321.57	12243
浙江	东部	1130.1	1200.41	1175.85	1136.71	1164.15	1076.22	1093.69	1187.59	1191.15	1339.54	11695

Sheet1　排序　筛选　分类汇总　数据透视表　图表　⊕

表2（分类汇总） 2023年全国主要省区市水泥月产量统计

省区市	地区	12月	11月	10月	9月	8月	7月	6月	5月	4月	3月	合计
北京	东部	8.89	17.81	16.58	21.23	10.01	15.27	17.83	23.48	30.11	24.26	185
福建	东部	720.53	776.87	746.68	690.89	666.47	671.52	674.78	720.99	776.23	973.94	7419
广东	东部	1529.88	1545.27	1248.09	1128.78	1166.34	1081.54	1089.45	1213.16	1267.86	1524.28	12795
海南	东部	156.73	152.33	123.26	119.17	134.49	131.97	125.78	137.8	147.55	175.79	1405
河北	东部	454.81	942.51	981.4	994.16	845.78	880.42	958.59	1127.55	1101.67	1106.9	9394
江苏	东部	1341.44	1359.67	1295.31	1290.69	1298.81	1134.8	1175.09	1302.96	1284.98	1361.88	12846
辽宁	东部	138.88	290.06	445.6	460.2	404.25	377.19	482.88	444.03	404.81	305.6	3754
山东	东部	808.24	1303.6	1306.81	1242	1177.75	1078.26	1364.74	1342.98	1296.88	1321.57	12243
上海	东部	37.44	38.97	39.25	38.24	40.09	39.29	39.34	41.95	40.41	42.83	398
天津	东部	30.96	48.48	46.77	40.79	36.51	35.67	54.48	51.56	51.65	48.27	445
浙江	东部	1130.1	1200.41	1175.85	1136.71	1164.15	1076.22	1093.69	1187.59	1191.15	1339.54	11695
东部 平均值												6598
甘肃	西部	172.33	332.24	370.62	470.64	439.24	446.69	515.25	478.23	382.17	359.09	3967
广西	西部	933.94	1004.83	902.24	763.95	852.37	850.66	777.43	937.9	841.35	1065.78	8930
贵州	西部	549.58	542.54	508.84	510.41	508.45	529.04	482.05	554.79	539.74	668.33	5698
内蒙古	西部	66.5	242.35	494.04	520.18	493.38	450.24	451.45	427.53	342.69	182.65	3671
宁夏	西部	25.57	116.08	183.04	188.75	174.43	182.31	202.46	194.63	202.32	155.62	1625
青海	西部	30.28	85.45	119.7	148.28	146.76	144.29	165.37	137.73	117.4	73.21	1168
陕西	西部	377.12	569.46	584.94	527.58	553.66	609.24	573.51	564.5	661.92	714.77	5737
四川	西部	1164.31	1156.27	1083.99	1028.88	882.32	922.1	1034.72	1133.21	1191.43	1300.17	10897
西藏	西部	53.08	89.45	118.34	135.55	138.93	129.92	145.48	134.55	122.1	81.98	1149
新疆	西部	55.24	311.25	603.54	601.35	567.16	540.45	589.84	625.07	531.11	336.09	4761
云南	西部	1011.57	923.65	745.51	802.63	681.37	809.31	836.94	895.92	888.96	1033.43	8629
重庆	西部	513.29	493.19	451.1	483.68	439.09	436.09	458.08	490.24	502.52	520.92	4788
西部 平均值												5060
安徽	中部	1094.15	1320.08	1189.92	1202.57	1149.08	1056.76	1053.52	1200.1	1213.03	1412.39	11892
河南	中部	581.9	947.72	786.3	800.74	790.49	838.2	869.96	934.13	1002.93	1169.21	8730
黑龙江	中部	15.27	65.29	251.65	321.68	255.26	231.54	307.61	235.27	187.17	93.91	1965
湖北	中部	968.85	999.38	924.18	853.58	790.76	822.55	861.48	855.03	924	1081.81	9082
湖南	中部	828.41	808.55	800.68	786.28	704.14	688.96	687.8	731.19	767.33	778.43	7582
吉林	中部	16.34	75.41	271.86	319.15	262.82	241.1	274.21	274.87	215.87	91.37	2043
江西	中部	801.47	808.97	781	745.75	674.24	665.01	622.07	725.5	680.98	809.95	7315
山西	中部	175.77	410.45	523.99	504.12	476.1	501.67	517.52	513.46	483.15	426.06	4532
中部 平均值												6642
总计 平均值												6014

Sheet1　排序　筛选　分类汇总　数据透视表　图表　⊕

图 3-76　（续）

省区市	地区	12月	11月	10月	9月	8月	7月	6月	5月	4月	3月	合计
安徽	中部	1094.15	1320.08	1189.92	1202.57	1149.08	1056.76	1053.52	1200.1	1213.03	1412.39	11892
北京	东部	8.89	17.81	16.58	21.23	10.01	15.27	17.83	23.48	30.11	24.26	185
福建	东部	720.53	776.87	746.68	690.89	666.47	671.52	674.78	720.99	776.23	973.94	7419
甘肃	西部	172.33	332.24	370.62	470.64	439.24	446.69	515.25	478.23	382.17	359.09	3967
广东	东部	1529.88	1545.27	1248.09	1128.78	1166.34	1081.54	1089.45	1213.16	1267.86	1524.28	12795
广西	西部	933.94	1004.83	902.24	763.95	852.37	850.66	777.43	937.9	841.35	1065.78	8930
贵州	西部	549.58	542.54	508.84	510.41	508.45	529.04	482.05	554.79	539.74	668.33	5394
海南	东部	156.73	152.33	123.26	119.17	134.49	131.97	125.78	137.8	147.55	175.79	1405
河北	东部	454.81	942.51	981.4	994.16	845.78	880.42	958.59	1127.55	1101.67	1106.9	9394
河南	中部	581.9	947.72	786.3	808.74	790.49	838.2	869.96	934.13	1002.93	1169.21	8730
黑龙江	中部	15.27	65.29	251.65	321.68	255.26	231.54	307.61	235.27	187.17	93.91	1965
湖北	中部	968.85	999.38	924.18	853.58	790.76	822.55	861.48	855.03	924	1081.81	9082
湖南	中部	828.41	808.55	800.68	786.28	704.14	688.96	687.8	731.19	767.33	778.43	7582
吉林	中部	16.34	75.41	271.86	319.15	262.82	241.1	274.21	274.87	215.87	91.37	2043
江苏	东部	1341.44	1359.67	1295.31	1290.69	1298.81	1175.09	1302.96	1284.98	1361.88	1284.67	12846
江西	中部	801.47	808.97	781	745.75	674.24	665.01	622.07	725.5	680.98	809.95	7315
辽宁	东部	138.88	290.06	445.6	460.2	404.25	377.19	482.88	444.03	404.81	305.6	3754
内蒙古	西部	66.5	242.35	494.04	520.18	493.38	450.24	451.45	427.53	342.69	182.65	3671
宁夏	西部	25.57	116.08	183.04	188.75	174.43	182.31	202.46	194.63	202.32	155.62	1625
青海	西部	30.28	85.45	119.7	148.28	146.76	144.29	165.37	137.73	117.4	73.21	1168
山东	东部	808.24	1303.6	1306.81	1242	1177.75	1078.26	1364.74	1342.98	1296.88	1321.57	12243
山西	中部	175.77	410.45	523.99	504.12	476.1	501.67	517.52	513.46	483.15	426.06	4532
陕西	西部	377.12	569.46	584.94	527.58	553.66	609.24	573.51	564.5	661.92	714.77	5737
上海	东部	37.44	38.97	39.25	38.24	40.09	39.29	39.34	41.95	40.41	42.83	398
四川	西部	1164.31	1156.27	1083.99	1028.88	882.32	922.1	1034.52	1133.21	1191.43	1300.17	10897
天津	东部	30.96	48.48	46.77	40.79	36.51	35.67	54.48	51.56	51.65	48.27	445
西藏	西部	53.08	89.45	118.34	135.55	138.94	129.92	145.48	134.55	122.1	81.98	1149
新疆	西部	55.24	311.25	603.54	601.35	567.16	540.45	589.84	625.07	531.11	336.09	4761
云南	西部	1011.57	923.65	745.51	802.63	681.37	809.31	836.94	895.92	888.96	1033.43	8629
浙江	东部	1130.1	1200.41	1175.85	1136.71	1164.15	1076.22	1093.69	1187.59	1191.15	1339.54	11695
重庆	西部	513.29	493.19	451.1	483.68	439.09	436.09	458.08	490.24	502.52	520.92	4788

地区 ▼	最大值项:12月
东部	1530
中部	1094
西部	1164
总计	1530

Sheet1　排序　筛选　分类汇总　**数据透视表**　图表　⊕

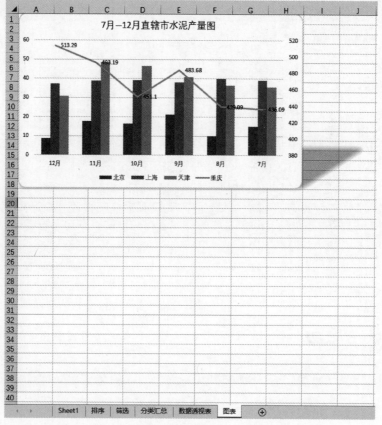

Sheet1　排序　筛选　分类汇总　数据透视表　**图表**　⊕

图 3-76　（续）

题型3：演示文稿处理。

打开"C:\练习一\素材\PPT.pptx"文件，请按要求进行编辑和排版，将结果以原文件名保存在"C:\KS"文件夹中。

1. 修改文档幻灯片大小："宽屏（16∶9）"，主题"平面"，变体颜色："橙红色"。

（1）选择"设计"→"自定义"→"幻灯片大小"→"宽屏（16∶9）"选项，如图 3-77 所示。

（2）选择"设计"→"主题"→"平面"选项，如图 3-78 所示。

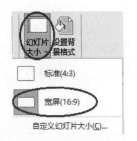

图 3-77　调整幻灯片大小

图 3-78　设计演示文稿主题

（3）选择"设计"→"变体"→"颜色"→"橙红色"选项，如图 3-79 所示。

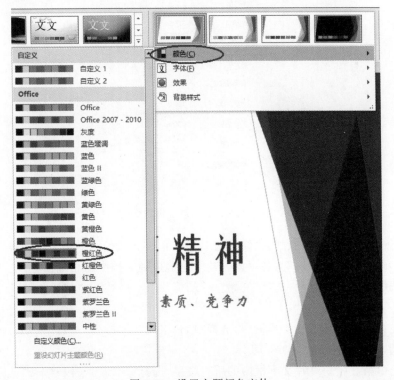

图 3-79　设置主题颜色变体

2. 修改第 1 张幻灯片背景格式："羊皮纸"纹理填充,透明度：30％。

选中第 1 张幻灯片,选择"设计"→"自定义"→"设置背景格式"工具,在"设置背景格式"对话框中的"填充"选项卡内选中"图片或纹理填充",将"纹理"选为"羊皮纸","透明度"设为 30％,如图 3-80 所示。

对第 1 张幻灯片按要求进行编辑处理后生成的封面效果,如图 3-81 所示。

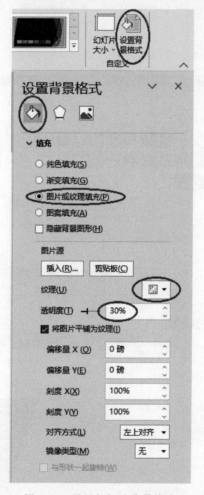

图 3-80　设置幻灯片背景格式

3. 设置第 2 张幻灯片版式："仅标题",文本框在该幻灯片内水平居中、垂直居中对齐,并添加项目符号："◆"。为各项内容建立超链接到文档中的相应位置。

（1）选中第 2 张幻灯片,选择"开始"→"幻灯片"→"版式"→"仅标题"选项,如图 3-82 所示。

（2）在第 2 张幻灯片的文本框中,选择"形状格式"→"排列"→"对齐"工具→"水平居中"和"垂直居中"选项,如图 3-83 所示。

（3）选中第 2 张幻灯片文本框内的所有文字,选择"开始"→"段落"→" 项目符号"→"◆"选项,如图 3-84 所示。

图 3-81　封面效果

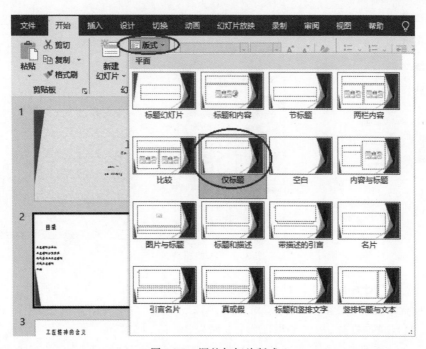

图 3-82　调整幻灯片版式

（4）选中第 2 张幻灯片文本框内需要设置超链接的文字，右击，在弹出的快捷菜单中选择"超链接"选项，在"插入超链接"对话框中，将"本文档中的位置"设为选择需要链接到的幻灯片，单击"确定"按钮（其他行的文字采用相同操作方法，选择对应的幻灯片），如图 3-85 所示。

图 3-83　文本框居中对齐

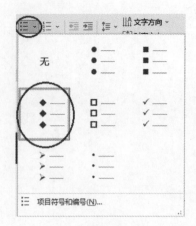

图 3-84　添加项目符号

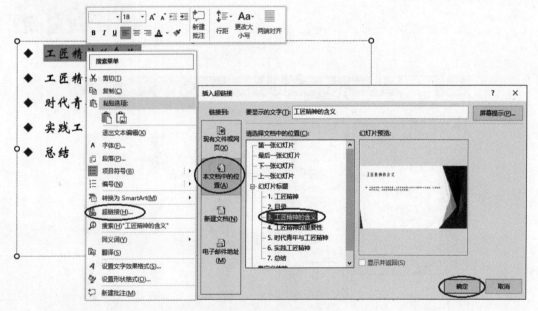

图 3-85　添加超链接

对第 2 张幻灯片按要求进行编辑处理后生成的目录效果，如图 3-86 所示。

4. 设置"标题和内容"版式的幻灯片母版，在其左下角插入动作按钮"转到主页"，链接到第 2 张目录幻灯片，形状大小：高 1.5 厘米，宽 1.5 厘米。

（1）选择"视图"→"母版视图"→"幻灯片母版"工具，选择"标题和内容"版式，如图 3-87 所示。

（2）选择"插入"→"插图"→"形状"→"动作按钮"→"转到主页"选项，在"标题和内容"版式编辑窗口的左下角用鼠标左键拖出形状。在"操作设置"对话框中，选择"单击鼠标"选项卡，选中"超链接到"，选择"幻灯片"选项，在"超链接到幻灯片"对话框中，选择"目

图 3-86 目录效果

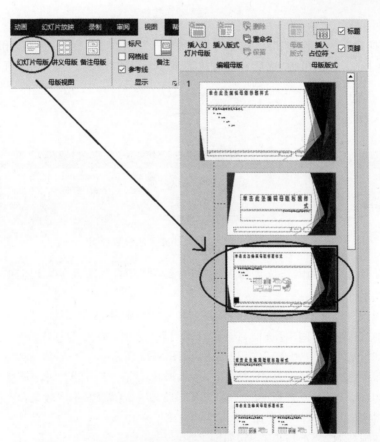

图 3-87 幻灯片母版视图

录"幻灯片，单击"确定"按钮，如图 3-88 所示。

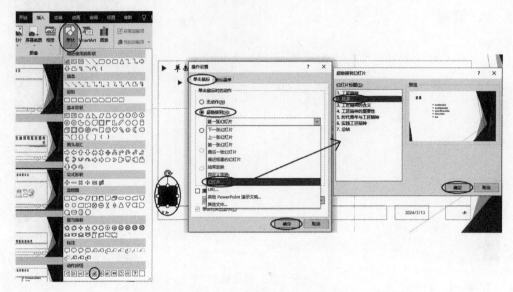

图 3-88　插入动作按钮形状

（3）选择插入的动作按钮形状，选择"形状格式"→"大小"工具，将高度和宽度均设为 1.5 厘米，选择"幻灯片母版"选项卡，单击"关闭母版视图"工具，如图 3-89 所示。

图 3-89　设置形状大小并关闭母版视图

5. 为所有幻灯片的默认位置插入"幻灯片编号"和自动更新的"日期和时间"，"标题幻灯片"不显示。

选择"插入"→"文本"→"页眉和页脚"工具，在"页眉和页脚"对话框中，选择"幻灯片"选项卡，选中"日期和时间"复选框，选择"自动更新"选项，选中"幻灯片编号"和"标题幻灯片中不显示"复选框，单击"全部应用"按钮，如图 3-90 所示。

6. 在第 3 张幻灯片水平居中位置插入基本形状："心形"，形状大小：高度 6 厘米，宽度 10 厘米，利用"C:\练习一\素材\SC2.jpg"设置形状填充，无轮廓，形状效果："预设 12"。

（1）选中第 3 张幻灯片，选择"插入"→"插图"→"形状"→"基本形状"→"心形"形状，按住鼠标左键在幻灯片上拖出心形，如图 3-91 所示。

（2）选择插入的"心形"形状，选择"形状格式"→"大小"工具，将高度设为 6 厘米，宽度设为 10 厘米，如图 3-92 所示。

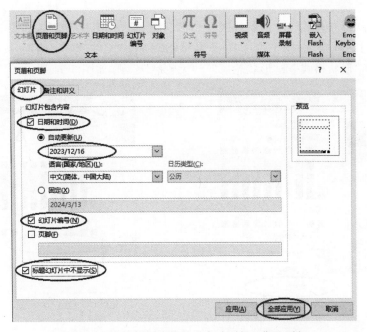

图 3-90　插入幻灯片编号和自动更新日期和时间

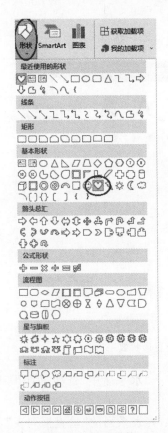

图 3-91　插入形状　　　　　图 3-92　设置形状大小

（3）选择"形状格式"→"形状样式"→"形状填充"→"图片"选项，如图 3-93 所示；在"插入图片"对话框中，选择"C:\练习一\素材\SC2.jpg"文件，单击"确定"按钮。

（4）选择"形状格式"→"形状轮廓"→"无轮廓"选项，如图 3-94 所示。

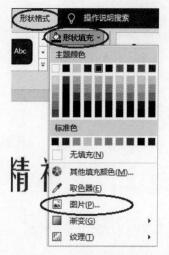

图 3-93　设置形状填充

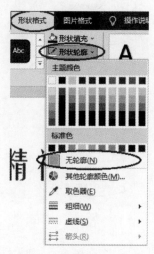

图 3-94　设置形状轮廓

（5）选择"形状格式"→"形状效果"→"预设"→"预设 12"选项，如图 3-95 所示。

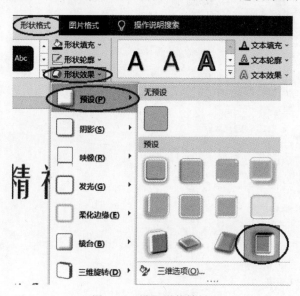

图 3-95　设置形状效果

（6）选择"形状格式"→"排列"→"对齐"→"水平居中"选项，如图 3-96 所示，垂直位置如图 3-97 所示。

7. 第 5 张幻灯片内容转换为 SmartArt：列表系列的"垂直框列表"，更改颜色为"彩色填充-个性色 1"，样式："强烈效果"，大小：高度 15 厘米，宽度 23 厘米，水平居中。

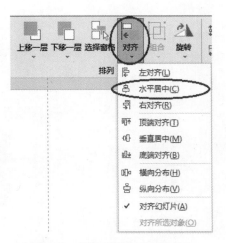

图 3-96 设置形状水平居中对齐

图 3-97 第 3 张幻灯片处理后效果

（1）选中第 5 张幻灯片文本框的内容，选择"开始"→"段落"→"转换为 SmartArt"→"垂直框列表"选项，单击"确定"按钮，参照样张调整 SmartArt 位置，如图 3-98 所示。

（2）选中插入的 SmartArt 图形，选择"SmartArt 设计"→"SmartArt 样式"→"更改颜色"→"个性色1：彩色填充-个性色1"选项，如图 3-99 所示。

（3）选择"SmartArt 设计"→"SmartArt 样式"→"强烈效果"选项，如图 3-100 所示。

（4）选择"格式"→"大小"，将高度设为 15 厘米，宽度设为 23 厘米。选择"格式"→"排列"→"对齐"→"水平居中"选项，如图 3-101 所示。

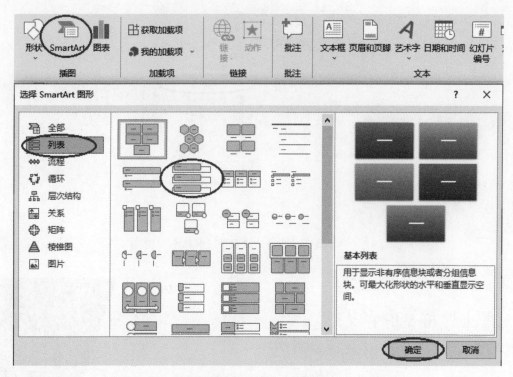

图 3-98　插入 SmartArt 图形

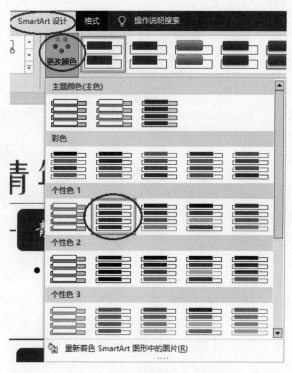

图 3-99　更改 SmartArt 图形颜色

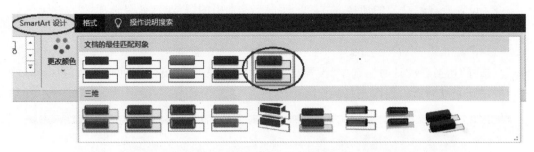

图 3-100 设置 SmartArt 样式

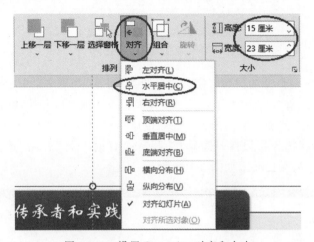

图 3-101 设置 SmartArt 对齐和大小

第 5 张幻灯片按要求处理后的效果，如图 3-102 所示。

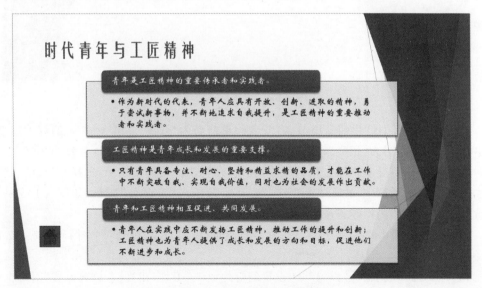

图 3-102 第 5 张幻灯片样张

8. 设置所有幻灯片的切换方式："华丽型"类别中的"棋盘"，效果选项："自顶部"，设置自动换片时间："3.00"。

选择"切换"→"切换到此幻灯片"→"华丽型"→"棋盘"选项，将"效果选项"选为"自顶部"。选择"切换"→"计时"，选中"设置自动换片时间"复选框并将时间设为00:03.00，单击"应用到全部"按钮，如图 3-103 所示。

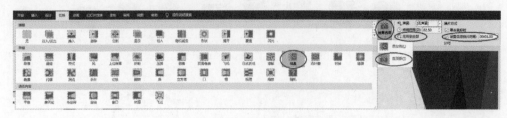

图 3-103　设置幻灯片切换方式

9. 设置第 4 张幻灯片的内容文字动画效果为"进入"类别中的"飞入"，效果选项："自右侧"，序列为"按段落"，持续时间为"01.00"，从上一动画之后开始计时。

选中第 4 张幻灯片文本框的内容，选择"动画"→"进入"→"飞入"选项，将"效果选项"选为自右侧，"序列"选为按段落；选择"动画"→"计时"，将"开始"选为"自上一动画之后"，"持续时间"设为"01.00"，如图 3-104 所示。

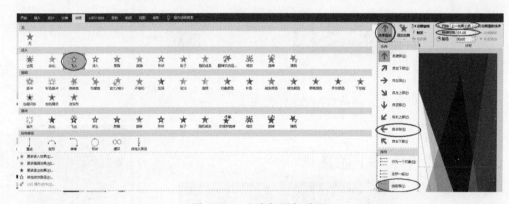

图 3-104　文本框添加动画

10. 在第 1 张幻灯片前新增节，将节名称重命名为"开始"；第 2～6 张幻灯片前新增节，将节名称重命名为"正文"；第 7 张幻灯片前新增节，将节名称重命名为"结束"。

单击选择左侧导航栏第 1 张幻灯片，右击，在弹出的快捷菜单中，选择"新增节"选项，在"重命名节"对话框中，输入"节名"称为"开始"，单击"重命名"按钮，如图 3-105 所示。其他位置节采用相同操作方法，完成后生成的效果如图 3-106 所示。

11. 设置幻灯片的放映方式："观众自行浏览（窗口）"，放映选项："循环放映，按 Esc 键终止"。

选择"幻灯片放映"→"设置"→"设置幻灯片放映"工具，在"设置放映方式"对话框中，将"放映类型"选为"观众自行浏览（窗口）"选项，"放映选项"选中"循环放映，按 Esc 键终止"复选框，单击"确定"按钮，如图 3-107 所示。

图 3-105　新增节

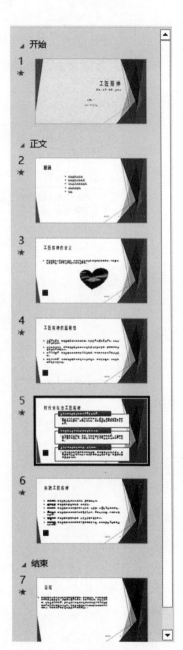

图 3-106　设置演示文稿节

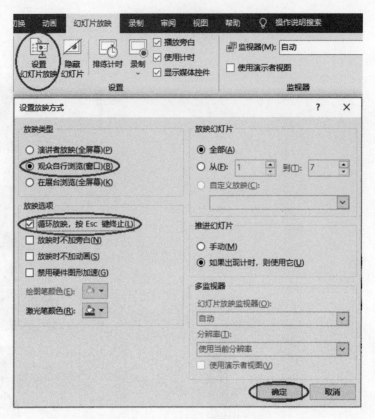

图 3-107　设置幻灯片放映方式

3.3　试题荟萃

3.3.1　练习一

题型 1：文字信息处理。

打开"C:\练习二\素材\Word. docx"文件，参照图 3-108 所示的样张，按要求进行编辑和排版，将结果以原文件名保存在"C:\KS"文件夹中。

1. 将全文字体设置为仿宋、小四号，各段首行缩进 2 字符，纸张方向为横向，整篇文档设置窄页边距。

2. 为标题文字设置"标题 2"样式，添加第 1 行第 5 列"填充：青绿，主题色 4；软棱台"的文本效果，阴影：透视右上，居中。

3. 正文第 1 段"人工智能"设置字体颜色：标准色浅蓝，位置上升 3 磅、添加文字底纹：图案样式 20％，颜色自动。

4. 正文第 2、4、6、8、10、12 段添加如样张所示项目符号，字体：Wingdings，字符代码：58，大小：小四号，颜色：红色。

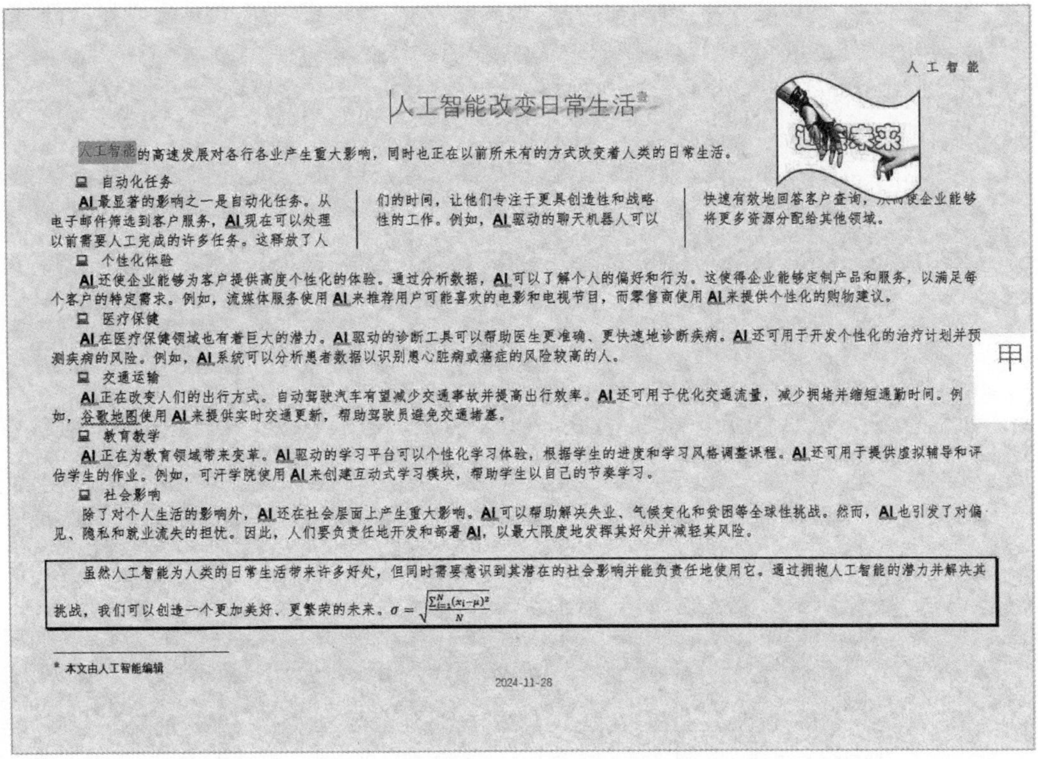

人 工 智 能

人工智能改变日常生活[壹]

人工智能的高速发展对各行各业产生重大影响，同时也正在以前所未有的方式改变着人类的日常生活。

自动化任务

AI最显著的影响之一是自动化任务。从电子邮件筛选到客户服务，AI现在可以处理以前需要人工完成的许多任务。这释放了人们的时间，让他们专注于更具创造性和战略性的工作。例如，AI驱动的聊天机器人可以快速有效地回答客户查询，从而使企业能够将更多资源分配给其他领域。

个性化体验

AI还使企业能够为客户提供高度个性化的体验。通过分析数据，AI可以了解个人的偏好和行为。这使得企业能够定制产品和服务，以满足每个客户的特定需求。例如，流媒体服务使用AI来推荐用户可能喜欢的电影和电视节目，而零售商使用AI来提供个性化的购物建议。

医疗保健

AI在医疗保健领域也有着巨大的潜力。AI驱动的诊断工具可以帮助医生更准确、更快速地诊断疾病。AI还可用于开发个性化的治疗计划并预测疾病的风险。例如，AI系统可以分析患者数据以识别患心脏病或癌症的风险较高的人。

交通运输

AI正在改变人们的出行方式。自动驾驶汽车有望减少交通事故并提高出行效率。AI还可用于优化交通流量，减少拥堵并缩短通勤时间。例如，谷歌地图使用AI来提供实时交通更新，帮助驾驶员避免交通堵塞。

教育教学

AI正在为教育领域带来变革。AI驱动的学习平台可以个性化学习体验，根据学生的进度和学习风格调整课程。AI还可用于提供虚拟辅导和评估学生的作业。例如，可汗学院使用AI来创建互动式学习模块，帮助学生以自己的节奏学习。

社会影响

除了对个人生活的影响外，AI还在社会层面上产生重大影响。AI可以帮助解决失业、气候变化和贫困等全球性挑战。然而，AI也引发了对偏见、隐私和就业流失的担忧。因此，人们要负责任地开发和部署AI，以最大限度地发挥其好处并减轻其风险。

虽然人工智能为人类的日常生活带来许多好处，但同时需要意识到其潜在的社会影响并能负责任地使用它。通过拥抱人工智能的潜力并解决其挑战，我们可以创造一个更加美好、更繁荣的未来。$\sigma=\sqrt{\frac{\sum_{i=1}^{N}(x_i-\mu)^2}{N}}$

[壹] 本文由人工智能编辑

2024-11-28

甲

图 3-108　Word 样张——人工智能改变日常生活

5. 将正文中除第 1 段和最后 1 段之外，所有“人工智能”替换为字体：Arial，加粗，下画线颜色为浅蓝色双波浪线的“AI”。

6. 将正文第 3 段分为等宽三栏，间距：3 字符，加分隔线。

7. 给正文最后 1 段末添加如样张所示公式。

8. 正文最后 1 段设置段前段后各 0.5 行，1.5 倍行距，并添加 1.5 磅阴影段落边框。

9. 在右上角相应位置插入形状：“星与旗帜”中的“波形”，利用 C:\练习二\素材\AI.jpg 设置形状填充，形状轮廓：标准色蓝色，高 3.5 厘米、宽 4.2 厘米，形状添加文字：“迎接未来”，华文彩云，二号，红色，环绕文字：浮于文字上方，位置：水平绝对位置：页边距右侧 21 厘米，垂直绝对位置：页边距下侧 0 厘米。

10. 插入页眉“人工智能”，仿宋，五号，加粗，字符间距加宽 3 磅，右对齐。页脚插入自动更新日期和时间，居中对齐，如样张所示。

11. 添加页码：页边距-普通数字-大型(右侧)，页码编号格式：甲、乙、丙…。

12. 设置页面背景，羊皮纸纹理填充的页面颜色。

13. 为标题添加脚注：“本文由人工智能编辑”，脚注位置：页面底端，编号格式：壹、贰、叁…。

题型 2：电子表格处理。

打开“C:\练习二\素材\Excel.xlsx”文件，按要求对各工作表进行编辑处理，将结果以原文件名保存在“C:\KS”文件夹中(计算必须用公式函数，否则答题无效)。

1. 在 Sheet1 中，设置 A1 单元格内容华文琥珀，22 磅，将"物理"成绩列移动到"政治"成绩列之后，合并 A1：N1 区域单元格，内容水平"分散对齐"。

2. 利用函数和公式，在 M 列计算各学生成绩"总分"，在 21 行计算各科"平均分"，结果保留 1 位小数；在 N 列根据"总分"计算排名。

3. 利用条件格式，将语文成绩高于平均值的单元格设置为"绿填充色深绿色文本"格式。

4. 为 M20 单元格添加批注"最高分"，显示，设置批注格式：对齐为水平居中、垂直居中，填充颜色：浅绿，位置如图 3-109 的样张所示。

5. 第 2 行相关内容设置"白色，背景 1，深色 25％"填充色，A2：N21 区域内容居中对齐，所有列的列宽：最合适的列宽，第 1 行行高：30。

6. 为 A2：N20 区域添加框线，外边框为双线，内部为最细单线，"总分"左框线为双线。

7. 在 Sheet1 工作表中的页眉中间位置插入"高一年级"，黑体，16 磅，页脚右侧位置添加页码。

姓名	班级	性别	语文	数学	英语	政治	物理	化学	历史	地理	体育	总分	排名
部 分 学 生 期 末 考 试 成 绩 统 计													
岑毅	三班	男	75	74	84	64	73.5	51.5	81	55	93	651.0	15
韩晓颖	一班	男	57	58.5	95	77	65	53	79	68	88	640.5	16
胡美超	一班	男	84	61	72	55	90	96	72	79	98	707.0	6
贾寅杰	二班	女	63	84	80	71	52.5	94	67	94	70	675.5	10
蒋雪	一班	女	85	55	87	76	56	87	68	50	88	652.0	13
李徐坤	二班	男	93	70	89	57	100	72	98	72	98	749.0	2
陆逸麟	一班	男	85	72	61	100	77	95	100	94	62	746.0	3
马晓玉	二班	女	67	100	94	56	63	80.5	77	79	82	698.5	7
潘鑫莉	三班	女	75	78	62	67	93	92	82	96	68	713.0	5
瞿佳伦	三班	男	94	86	61	62	71	96	92	57	57	680.0	9
孙莉	二班	女	60	91	99	85	100	56	56	69	73	689.0	8
汤嘌恬	三班	女	56	68	52	99	68	54	81	57	92	627.0	17
王振宇	三班	男	71	59	90	78	55	62	90	60	67	652.0	13
吴海林	二班	男	75	82	52	66	82.5	75	60	75	90	657.5	12
吴文彬	三班	男	81	54	86	87	80	92	90	58	97	725.0	4
徐燕玲	三班	女	59	78	68	63	62.5	69	97	48	56	600.5	18
郁盈颖	二班	女	92	66.5	90	56	72	83	65	55	96	675.5	10
赵燕娜	一班	女	87	99	94	99	82	93	72	97	72	795.0	1
平均分			75.5	74.2	78.7	73.2	74.8	77.8	79.3	71.3	80.4		

最高分

Sheet1　排序　筛选　分类汇总　数据透视表　图表

图 3-109　Sheet1 样张——部分学生期末考试成绩统计

8. 在 Sheet1 后新建工作表，重命名为"排序"，复制 Sheet1 中 A2：M20 区域内容，选择性粘贴"数值"至新工作表 A1 开始的单元格内。

9. 在"排序"工作表中,以首要关键字"性别"按"升序",次要关键字"总分"按"降序"进行排序。

10. 在"排序"工作表中,对 A1:M19 区域套用表格格式:"浅色-白色,表样式浅色15",转换为区域。

对"排序"工作表按要求编辑处理后的结果,如图 3-110 所示。

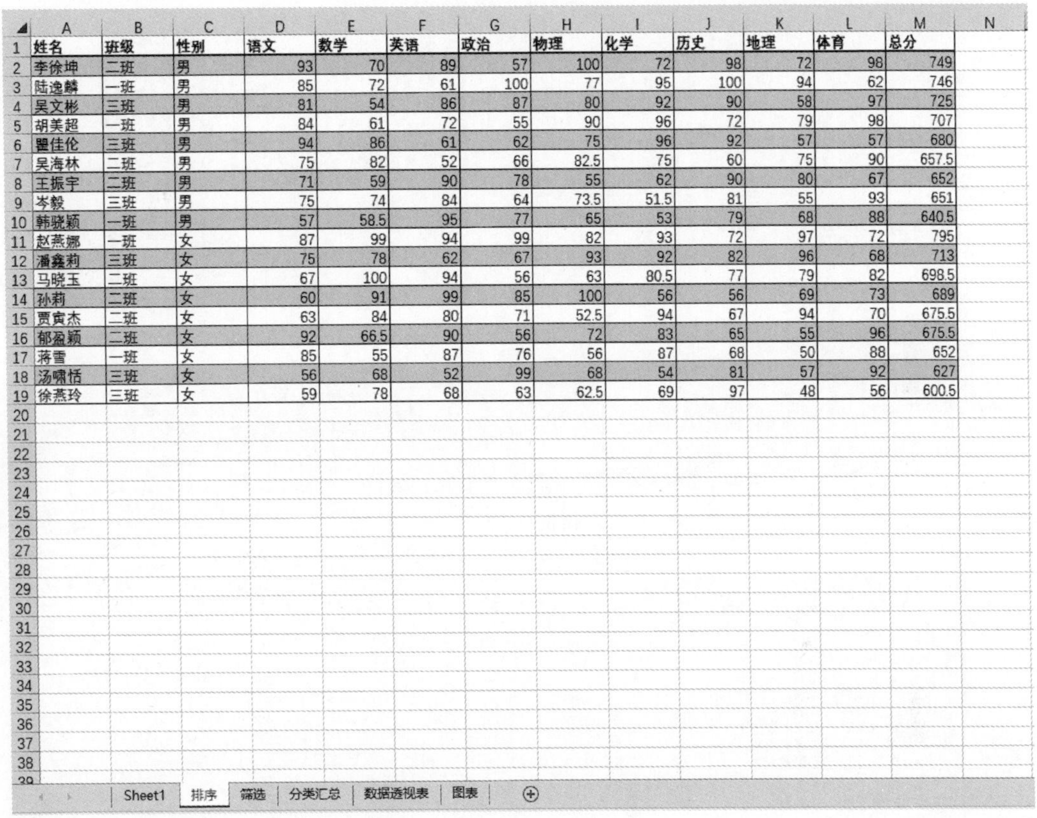

	A 姓名	B 班级	C 性别	D 语文	E 数学	F 英语	G 政治	H 物理	I 化学	J 历史	K 地理	L 体育	M 总分	N
2	李徐坤	二班	男	93	70	89	57	100	72	98	72	98	749	
3	陆逸麟	一班	男	85	72	61	100	77	95	100	94	62	746	
4	吴文彬	三班	男	81	54	86	87	80	92	90	58	97	725	
5	胡美超	一班	男	84	61	72	55	90	96	72	79	98	707	
6	瞿佳伦	三班	男	94	86	61	62	75	96	92	57	57	680	
7	吴海林	二班	男	75	82	52	66	82.5	75	60	75	90	657.5	
8	王振宇	二班	男	71	59	90	78	55	62	90	80	67	652	
9	岑毅	三班	男	75	74	84	64	73.5	51.5	81	55	93	651	
10	韩晓颖	一班	男	57	58.5	95	77	65	53	79	68	88	640.5	
11	赵燕娜	一班	女	87	99	94	99	82	93	72	97	72	795	
12	潘鑫莉	三班	女	75	78	62	67	93	92	82	96	68	713	
13	马晓玉	二班	女	67	100	94	56	63	80.5	77	79	82	698.5	
14	孙莉	二班	女	60	91	99	85	100	56	56	69	73	689	
15	贾寅杰	二班	女	63	84	80	71	52.5	94	67	94	70	675.5	
16	郁盈颖	二班	女	92	66.5	90	56	72	83	65	55	96	675.5	
17	蒋雪	一班	女	85	55	87	76	56	87	68	50	88	652	
18	汤嘴梧	三班	女	56	68	52	99	68	54	81	57	92	627	
19	徐燕玲	三班	女	59	78	68	68	62.5	69	97	48	56	600.5	

Sheet1　排序　筛选　分类汇总　数据透视表　图表　⊕

图 3-110　排序样张——性别

11. 在"筛选"工作表中,筛选出语文成绩"大于 90"和"小于 60"的数据,如图 3-111 所示。

12. 在"分类汇总"工作表中,以"班级"为分类字段,首先汇总"数学"成绩的最小值并保留汇总结果,然后汇总"语文"成绩的最大值并保留汇总结果,最后将汇总结果显示在数据下方,如图 3-112 所示。

13. 利用"数据透视表"中 A1:L19 区域的数据,从 A22 单元格开始插入数据透视表,以"性别"为行标签,"班级"为列标签,统计"英语"成绩的平均值,结果保留整数,报表布局:以表格形式显示,取消行列总计显示,数据透视表样式:"中等色-白色-数据透视表样式中等深浅 1"。

按要求对插入的数据透视表进行编辑处理后的结果,如图 3-113 所示。

	姓名	班级	性别	语文	数学	英语	政治	化学	历史	地理	物理	体育
3	韩骁颖	一班	男	57	58.5	95	77	53	79	68	65	88
7	李徐坤	二班	男	93	70	89	57	72	98	72	100	98
11	瞿佳伦	三班	男	94	86	61	62	96	92	57	75	57
13	汤啸恬	三班	女	56	68	52	99	54	81	57	68	92
17	徐燕玲	三班	女	59	78	68	63	69	97	48	62.5	56
18	郁盈颖	二班	女	92	66.5	90	56	83	65	55	72	96

图 3-111　筛选样张——语文成绩

	姓名	班级	性别	语文	数学	英语	政治	化学	历史	地理	物理	体育
2	贾寅杰	二班	女	63	84	80	71	94	67	94	52.5	70
3	李徐坤	二班	男	93	70	89	57	72	98	72	100	98
4	马晓玉	二班	女	67	100	94	56	80.5	77	79	63	82
5	孙莉	二班	女	60	91	99	85	56	56	69	100	73
6	王振宇	二班	男	71	59	90	78	62	90	80	55	67
7	吴海林	二班	男	75	82	52	66	75	60	75	82.5	90
8	郁盈颖	二班	女	92	66.5	90	56	83	65	55	72	96
9		二班 最小值			59							
10		二班 最大值		93								
11	岑毅	三班	男	75	74	84	64	51.5	81	55	73.5	93
12	潘鑫莉	三班	女	75	78	62	67	92	82	96	93	68
13	瞿佳伦	三班	男	94	86	61	62	96	92	57	75	57
14	汤啸恬	三班	女	56	68	52	99	54	81	57	68	92
15	吴文彬	三班	男	81	54	86	87	92	90	58	80	97
16	徐燕玲	三班	女	59	78	68	63	69	97	48	62.5	56
17		三班 最小值			54							
18		三班 最大值		94								
19	韩骁颖	一班	男	57	58.5	95	77	53	79	68	65	88
20	胡美超	一班	男	84	61	72	55	96	72	79	90	98
21	蒋雪	一班	女	85	55	87	76	87	68	50	56	88
22	陆逸麟	一班	男	85	72	61	100	95	100	94	77	62
23	赵燕娜	一班	女	87	99	94	99	93	72	97	82	72
24		一班 最小值			55							
25		一班 最大值		87								
26		总计最小值			54							
27		总计最大值		94								

图 3-112　分类汇总样张——语文、数学成绩

◢	A	B	C	D	E	F	G	H	I	J	K	L	M
1	姓名	班级	性别	语文	数学	英语	政治	化学	历史	地理	物理	体育	
2	岑毅	三班	男	75	74	84	64	51.5	81	55	73.5	93	
3	韩骁颖	一班	男	57	58.5	95	77	53	79	68	65	88	
4	胡美超	一班	男	84	61	72	55	96	72	79	90	98	
5	贾寅杰	二班	女	63	84	80	71	94	67	94	52.5	70	
6	蒋雪	一班	女	85	55	87	76	87	68	50	56	88	
7	李徐坤	二班	男	93	70	89	57	72	98	72	100	98	
8	陆逸麟	一班	男	85	72	61	100	95	100	94	77	62	
9	马晓玉	二班	女	67	100	94	56	80.5	77	79	63	82	
10	潘鑫莉	三班	女	75	78	62	67	92	82	96	93	68	
11	瞿佳伦	三班	男	94	86	61	62	96	92	57	75	57	
12	孙莉	二班	女	60	91	99	85	56	56	69	100	73	
13	汤�恬	三班	女	56	68	52	99	54	81	57	68	92	
14	王振宇	二班	男	71	59	90	78	62	90	80	55	67	
15	吴海林	二班	男	75	82	52	66	75	60	75	82.5	90	
16	吴文彬	三班	男	81	54	86	87	92	90	58	80	97	
17	徐燕玲	三班	女	59	78	68	63	69	97	48	62.5	56	
18	郁盈颖	二班	女	92	66.5	90	56	83	65	55	72	96	
19	赵燕娜	一班	女	87	99	94	99	93	72	97	82	72	
20													
21													
22	平均值项:英语	班级 ▾											
23	性别 ▾	二班	三班	一班									
24	男	77	77	76									
25	女	91	61	91									
26													

Sheet1 | 排序 | 筛选 | 分类汇总 | 数据透视表 | 图表 | ⊕

图 3-113　数据透视表样张——英语成绩平均值

14. 参照图 3-114 样张所示,根据"数据透视表"工作表内数据,在"图表"工作表的 A1:H20 区域内创建三维簇状柱形图,图表快速布局:"布局 3",图表样式:"样式 11",设置标题为"一班语数英期末成绩",除标题外,图表所有字体 11 磅,标题字体:20 磅,图例位置在"底部",添加韩骁颖"语文"的数据标签,设置背景墙"白色,背景 1,深色 25%"纯色填充。

题型 3:演示文稿处理。

打开"C:\练习二\素材\PPT.pptx"文件,请按要求进行编辑和排版,并将结果以原文件名保存在"C:\KS"文件夹中。

1. 修改文档主题:"环保",变体颜色:"绿色",字体:"Office 等线 Light 等线",背景样式:"样式 2"。

2. 在第 2 张幻灯片目录右下方插入艺术字:"Contents",艺术字样式:"填充:白色;边框绿色,主题色 1;发光:绿色,主题色 1",置于底层。

3. 设置第 2 张幻灯片内容文本框字符间距加宽:5 磅,形状对齐:水平居中,垂直居中,添加编号:"象形编号,宽句号"。为各项内容建立超链接到文档中的相应位置。

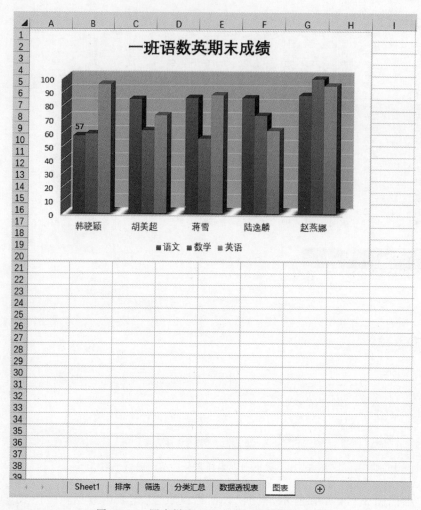

图 3-114　图表样张——一班语数英期末成绩

4. 设置"标题与内容"版式的幻灯片母版，将标题占位符内文字设置：左对齐，在其左端利用形状"基本形状-椭圆"插入"正圆"，大小：2.5 厘米，形状样式：预设-"彩色填充-酸橙色，强调颜色 2，无轮廓"，置于底层。

5. 为所有幻灯片插入页脚："环境保护"，"标题幻灯片"不显示，利用母版视图调整页脚内容格式：华文彩云，20 号，绿色，并将页脚移动至幻灯片左上角。

6. 分别在第 5 张幻灯片左侧利用"C:\练习二\素材\过去的余村.jpg"插入图片，图片样式："柔化边缘椭圆"，右侧利用"C:\练习二\素材\现在的余村.jpg"插入图片，图片效果："预设 1"。

7. 为第 6 张幻灯片内表格设置表格样式选项："标题行"，表格样式："中等样式 2-强调 1"，根据表格内容在幻灯片右下方插入图表，图表类型："簇状柱形图"，大小：高度 10 厘米，宽度 15 厘米。

8. 将第 7 张幻灯片内容转换为 SmartArt："关系"类型的"线性维恩图"，更改颜色为

"彩色范围-个性色 3 至 4"，样式："三维优雅"，大小：高度 15 厘米，宽度 23 厘米，水平居中，垂直居中。

9. 设置第 2～8 张幻灯片的切换方式为"细微"类别中的"形状"，效果选项："菱形"，持续时间："2.00"。

10. 设置第 5 张幻灯片左侧图片动画效果："进入"类别中的"旋转"，同一张图片再添加动画："陀螺旋"，效果选项："逆时针"，两个动画都设置为与上一动画同时开始计时；设置右侧图片动画效果："进入"类别中的"轮子"，设置为在上一动画之后开始计时。

11. 设置幻灯片的放映方式的监视器："使用演示者视图"。

3.3.2　练习二

题型 1：文字信息处理。

打开"C:\练习三\素材\Word.docx"文件，参照图 3-115 所示的样张，按要求进行编辑和排版，将结果以原文件名保存在"C:\KS"文件夹中。

1. 将全文字体设置为"宋体"、五号，各段首行缩进 2 字符，整篇文档设置"中等"页边距。

2. 插入艺术字"共筑绿色未来"，微软雅黑，三号，加粗，绿色，艺术字文本效果：旋转-弯曲-"槽型：下"，大小：宽度 2.22 厘米，高度 10.74 厘米，环绕文字：上下型环绕，水平：居中页边距，垂直：顶端对齐页边距。

3. 插入图片"C:\练习三\素材\RLYZR.png"，对该图片按图 3-115 所示的大小进行裁剪，环绕文字：上下型环绕，水平：居中页边距，垂直：页边距下侧 1 厘米。

4. 将正文第 3 段段落分为等宽三栏，添加段落右边框线：1.5 磅，单波浪线，设置首字下沉 2 行，宋体，加 10% 样式底纹。

5. 将正文第 3 段文字"全球变暖、海平面上升、极端气候"添加红色突出显示，字体颜色：黄色。

6. 将正文第 7、8、9、10 段添加如样张所示项目符号，字体：Wingdings，字符代码：70，大小：五号，颜色：红色，调整列表缩进：符号位置 0 厘米，文本缩进 0 厘米，编号之后"制表符"。

7. 将文末插入 3 列 5 行表格，合并第 1 行单元格，根据样张输入内容，根据内容自动调整表格宽度，行高：0.8 厘米，第 1 行设置 1.5 磅双线下框线，字体加粗，整表设置 1.5 磅实线外边框，表格内容"中部左对齐"。

8. 在表格下方插入题注，位置在表格正下方，如图 3-115 中样张所示。

9. 插入 SmartArt 图："列表"类别中的"分组列表"，按样张输入内容，SmartArt 样式：三维砖块场景，更改颜色：彩色范围-个性色 2 至 3，高 5 厘米、宽 8 厘米，文字环绕：浮于文字上方，位置：水平相对于页边距右对齐，垂直相对于页边距下对齐。

10. 编辑页脚，插入形状："星与旗帜"中的"星形：五角"，形状填充：红色，无轮廓，大小：高 1 厘米、宽 1 厘米，环绕文字：嵌入型，居中。

11. 插入图片"C:\练习三\素材\bj.jpg"，调整颜色：冲蚀，大小：高度 25.42 厘米，宽度 18.45 厘米，环绕文字：衬于文字下方，位置：水平居中页边距，垂直下对齐页边距，使成为图片水印效果。

共筑绿色未来 人类与自然

在浩瀚的宇宙中，地球犹如一叶扁舟，承载着万物生灵，其中人类作为智慧生命的代表，与自然环境之间存在着密不可分的关系。人与自然和谐共生，不仅是生存之道，更是可持续发展的必由之路。面对日益严峻的环境问题，保护地球自然环境已成为全人类共同的责任和使命。

一、认识人与自然的关系

人类社会的发展史，实质上就是一部人与自然关系的演变史。从原始社会的狩猎采集，到农业社会的耕田种地，再到工业社会的机器轰鸣，每一次文明的飞跃都伴随着对自然资源的开发利用。然而，随着科技的不断进步和生产力的飞速发展，人类对自然的索取日益加剧，环境污染、生态破坏等问题接踵而至，严重威胁着地球的生命系统。

二、环境问题的严峻性

当前，全球变暖、海平面上升、极端气候事件频发、生物多样性丧失等环境问题已成为全球关注的焦点。这些问题不仅破坏了自然生态平衡，还对人类社会的经济发展、社会稳定乃至人类自身的生存安全构成了严重威胁。因此，保护地球自然环境，刻不容缓。

三、保护地球自然环境的行动

倡导绿色发展理念：将绿色发展作为经济社会发展的核心要求，推动形成绿色发展方式和生活方式。鼓励企业采用环保技术，减少污染物排放，提高资源利用效率。

加强生态环境保护：实施山水林田湖草沙一体化保护和修复工程，加大对自然保护区、重要生态功能区的保护力度。加强环境监管和执法力度，严厉打击破坏生态环境的违法行为。

推广绿色低碳生活：倡导简约适度、绿色低碳的生活方式，鼓励居民节约用水用电，减少一次性用品的使用，积极参与垃圾分类和回收利用。

加强国际合作与交流：环境问题是全球性问题，需要各国携手合作共同应对。加强与国际社会在环保领域的合作与交流，共同推动全球环境治理体系的完善和发展。

四、青年人的责任与担当

青年人是国家的未来和民族的希望，也是保护地球自然环境的重要力量。青年一代应该积极响应时代号召，树立正确的环保观念，将保护自然环境融入到日常生活中。通过参加环保公益活动、传播环保知识、倡导绿色生活等方式，为保护地球自然环境贡献自己的力量。

人与自然是生命共同体，保护地球自然环境是全人类的共同责任。让我们携手努力，从自我做起，从现在做起，共同守护这个唯一的地球家园。让绿水青山常在，让人类与自然和谐共生的美好愿景照进现实！

2021-2023年我国造林面积统计表（千公顷）		
时间	造林总面积	当年人工造林面积
2021年	3754.37	1085.10
2022年	4202.79	930.86
2023年	4000.00	1330.00

表格 1

图 3-115　Word 样张

题型 2：电子表格处理。

打开"C:\练习三\素材\Excel.xlsx"文件，按要求对各工作表进行编辑处理，将结果以原文件名保存在“C:\KS”文件夹中(计算必须用公式函数,否则答题无效)。

1. 在 Sheet1 中,设置 A1 单元格内容微软雅黑,22 磅,加粗,在 A1:P1 区域水平“跨列居中”。

2. 插入新的第 2 行,P2 单元格输入“单位: 元/公斤”,设置字体: 华文彩云,18 磅,右对齐,隐藏第 19 行。

3. 利用函数和公式,在 O 列计算各类农产品的“平均价格”,C4:O21 区域单元格类型:“货币”,货币符号:“¥”,保留 2 位小数; 在 P 列计算各类农产品价格“变异系数”(标准偏差/平均值),单元格类型:“百分比”,保留 2 位小数。

4. 利用条件格式,将 P4:P21 区域中变异系数前三的单元格设置为“浅红填充色深红色文本”格式。

5. 第 3 行内容设置字体: 宋体,12 磅,加粗,A3:P3 和 A4:B21 区域单元格填充:“白色,背景 1,深色 15%”,居中对齐,整表列宽: 9。

6. 为 A3:P21 区域添加框线,外边框: 最粗单线,内部: 最细单线,B3:B21 区域单元格右框线为双线。

7. 设置 Sheet1 纸张方向:“横向”,打印水平、垂直居中。

对 Sheet1 工作表按要求进行编辑处理后的结果,如图 3-116 所示。

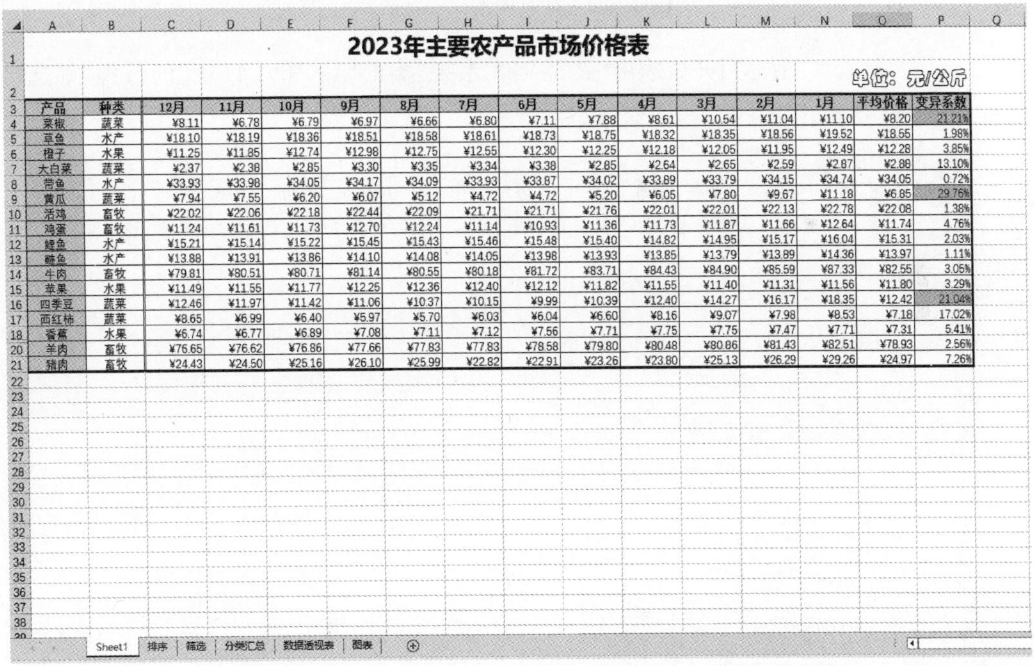

2023年主要农产品市场价格表

单位: 元/公斤

产品	种类	12月	11月	10月	9月	8月	7月	6月	5月	4月	3月	2月	1月	平均价格	变异系数
菜椒	蔬菜	¥8.11	¥6.78	¥6.79	¥6.97	¥6.66	¥6.80	¥7.11	¥7.88	¥8.61	¥10.54	¥11.04	¥11.10	¥8.20	21.21%
草鱼	水产	¥18.10	¥18.19	¥18.36	¥18.51	¥18.58	¥18.61	¥18.73	¥18.75	¥18.32	¥18.35	¥18.56	¥19.52	¥18.55	1.98%
橙子	水果	¥11.25	¥11.85	¥12.74	¥12.98	¥12.75	¥12.55	¥12.30	¥12.25	¥12.18	¥12.05	¥11.95	¥12.49	¥12.28	3.85%
大白菜	蔬菜	¥2.37	¥2.38	¥2.85	¥3.30	¥3.35	¥3.34	¥3.38	¥2.85	¥2.64	¥2.65	¥2.59	¥2.87	¥2.88	13.10%
带鱼	水产	¥33.93	¥33.98	¥34.05	¥34.17	¥34.09	¥33.93	¥33.87	¥34.02	¥33.89	¥33.79	¥34.15	¥34.74	¥34.05	0.72%
黄瓜	蔬菜	¥7.94	¥7.55	¥6.20	¥6.07	¥5.12	¥4.72	¥4.72	¥5.20	¥6.05	¥7.80	¥9.67	¥11.18	¥6.85	29.76%
活鸡	畜牧	¥22.02	¥22.06	¥22.18	¥22.44	¥22.09	¥21.71	¥21.71	¥21.76	¥22.01	¥22.01	¥22.13	¥22.78	¥22.08	1.38%
鸡蛋	畜牧	¥11.24	¥11.61	¥11.73	¥12.70	¥12.24	¥11.14	¥10.93	¥11.36	¥11.73	¥11.87	¥11.66	¥12.64	¥11.74	4.76%
鲤鱼	水产	¥15.21	¥15.14	¥15.22	¥15.45	¥15.43	¥15.46	¥15.48	¥15.40	¥14.82	¥14.95	¥15.17	¥16.04	¥15.31	2.03%
鲢鱼	水产	¥13.88	¥13.91	¥13.86	¥14.10	¥14.08	¥14.05	¥13.98	¥13.93	¥13.85	¥13.79	¥13.89	¥14.36	¥13.97	1.11%
牛肉	畜牧	¥79.81	¥80.51	¥80.71	¥81.14	¥80.55	¥80.18	¥81.72	¥83.71	¥84.43	¥84.90	¥85.59	¥87.33	¥82.55	3.05%
苹果	水果	¥11.49	¥11.55	¥11.77	¥12.25	¥12.36	¥12.40	¥12.12	¥11.82	¥11.55	¥11.40	¥11.31	¥11.56	¥11.80	3.29%
四季豆	蔬菜	¥12.46	¥11.97	¥11.42	¥11.06	¥10.37	¥10.15	¥9.99	¥10.39	¥12.40	¥14.27	¥16.17	¥18.35	¥12.42	21.04%
西红柿	蔬菜	¥8.65	¥6.99	¥6.40	¥5.97	¥5.70	¥6.03	¥6.04	¥6.60	¥8.16	¥9.07	¥7.98	¥8.53	¥7.18	17.02%
香蕉	水果	¥6.74	¥6.77	¥6.89	¥7.08	¥7.11	¥7.12	¥7.56	¥7.71	¥7.75	¥7.75	¥7.47	¥7.71	¥7.31	5.41%
羊肉	畜牧	¥76.65	¥76.62	¥76.86	¥77.66	¥77.83	¥77.83	¥78.58	¥79.80	¥80.48	¥80.86	¥81.43	¥82.51	¥78.93	2.56%
猪肉	畜牧	¥24.43	¥24.50	¥25.16	¥26.10	¥25.99	¥22.82	¥22.91	¥23.26	¥23.80	¥25.13	¥26.29	¥29.26	¥24.97	7.26%

图 3-116 Sheet1 样张——2023 年主要农产品市场价格表

8. 在 Sheet1 后新建工作表,重命名为“排序”,复制 Sheet1 中 A3:N21 区域内容,选择性粘贴“转置”至新工作表 A1 开始的单元格内,清除格式,删除第 2 行和第 Q 列。

9. 在“排序”工作表中,以首要关键字“猪肉”按“升序”进行排序。

10. 在“排序”工作表中,对 A1:R13 区域套用表格格式:“浅色-蓝色,表样式浅色 9”,

转换为区域。

对在 Sheet1 后新建的工作表按要求进行编辑处理后的结果，如图 3-117 所示。

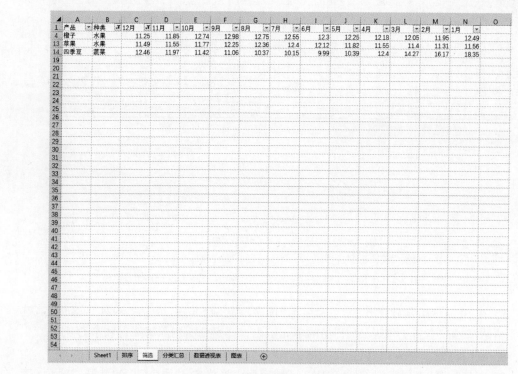

图 3-117　排序样张——农产品

11．在"筛选"工作表中，筛选出"蔬菜"和"水果"类的"12 月大于 10"的数据，筛选结果如图 3-118 所示。

图 3-118　筛选样张——蔬菜、水果

12. 在"分类汇总"工作表中，以"种类"为分类字段，汇总"12 月"和"1 月"的平均值，结果保留 2 位小数，汇总结果显示在数据下方，如图 3-119 所示。

产品	种类	12月	11月	10月	9月	8月	7月	6月	5月	4月	3月	2月	1月
活鸡	畜牧	22.02	22.06	22.18	22.44	22.09	21.71	21.71	21.76	22.01	22.01	22.13	22.78
鸡蛋	畜牧	11.24	11.61	11.73	12.7	12.24	11.14	10.93	11.36	11.73	11.87	11.66	12.64
牛肉	畜牧	79.81	80.51	80.71	81.14	80.55	80.18	81.72	83.71	84.43	84.9	85.59	87.33
羊肉	畜牧	76.65	76.62	76.62	77.66	77.83	77.83	78.58	79.8	80.48	80.86	81.43	82.51
猪肉	畜牧	24.43	24.5	25.16	26.1	25.99	22.82	22.91	23.26	23.8	25.13	26.29	29.26
	畜牧 平均值	42.83											46.90
菜椒	蔬菜	8.11	6.78	6.79	6.97	6.66	6.8	7.11	7.88	8.61	10.54	11.04	11.1
大白菜	蔬菜	2.37	2.38	2.85	3.3	3.35	3.34	3.38	2.85	2.64	2.65	2.59	2.87
黄瓜	蔬菜	7.94	7.55	6.2	6.07	5.12	4.72	4.72	5.2	6.05	7.8	9.67	11.18
四季豆	蔬菜	12.46	11.97	11.42	11.06	10.37	10.15	9.99	10.39	12.4	14.27	16.17	18.35
西红柿	蔬菜	8.65	6.99	6.4	5.97	5.7	6.03	6.04	6.6	8.16	9.07	7.98	8.53
	蔬菜 平均值	7.91											10.41
草鱼	水产	18.1	18.19	18.36	18.51	18.58	18.61	18.73	18.75	18.32	18.35	18.56	19.52
带鱼	水产	33.93	33.98	34.05	34.17	34.09	33.93	33.87	34.02	33.89	33.79	34.15	34.74
鲤鱼	水产	15.21	15.14	15.22	15.45	15.43	15.46	15.48	15.4	14.82	14.95	15.17	16.04
鲢鱼	水产	13.88	13.91	13.86	14.1	14.08	14.05	13.98	13.93	13.85	13.79	13.89	14.36
	水产 平均值	20.28											21.17
橙子	水果	11.25	11.85	12.74	12.98	12.75	12.55	12.3	12.25	12.18	12.05	11.95	12.49
苹果	水果	11.49	11.55	11.77	12.25	12.36	12.4	12.12	11.82	11.55	11.4	11.31	11.56
香蕉	水果	6.74	6.77	6.89	7.08	7.11	7.12	7.56	7.71	7.75	7.75	7.47	7.71
	水果 平均值	9.83											10.59
	总计平均值	21.43											23.70

Sheet1　排序　筛选　分类汇总　数据透视表　图表　⊕

图 3-119　分类汇总样张——12 月、1 月平均值

13. 利用"数据透视表"中 A1:N18 区域的数据，从 A20 单元格开始插入数据透视表，以"种类"为行标签，统计"产品"的数量，报表布局：以表格形式显示，数据透视表样式：无。

按要求插入数据透视表的结果，如图 3-120 所示。

14. 参照图 3-121 的样张所示，根据"数据透视表"工作表内数据，在"图表"工作表的 A1:I20 区域内创建折线图，图表样式："样式 1"，标题为"2023 年蔬菜价格走势"，图例位置在"底部"，系列"四季豆"设置线条："红色"实线，图表区填充："羊皮纸"纹理，阴影：预设"外部-偏移：右下"。

题型 3：演示文稿处理。

打开"C:\练习三\素材\PPT.pptx"文件，请按要求进行编辑和排版，将结果以原文件名保存在"C:\KS"文件夹中。

1. 修改文档主题："积分"，设置所有幻灯片背景格式：纯色填充蓝色，个性色 5，单色 80%。

2. 为第 2 张幻灯片中文字"目录"添加鼠标悬停动作，超链接到下一张幻灯片。

3. 设置"标题与内容"版式的幻灯片母版，在标题栏下方插入形状："直线"，形状样式："粗线-强调颜色 2"，形状轮廓：虚线-"长划线-点"。

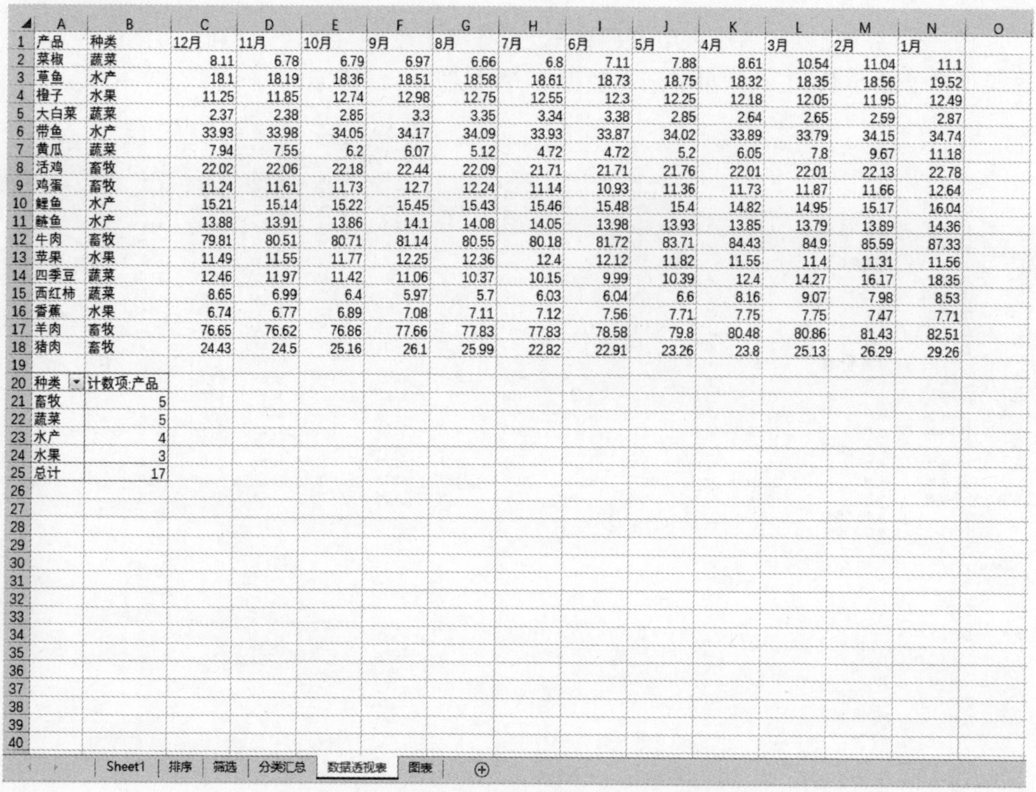

	产品	种类	12月	11月	10月	9月	8月	7月	6月	5月	4月	3月	2月	1月
2	菜椒	蔬菜	8.11	6.79	6.97	6.66	7.11	7.88	8.61	10.54	11.04	11.1		
3	草鱼	水产	18.1	18.19	18.36	18.51	18.58	18.61	18.73	18.75	18.32	18.35	18.56	19.52
4	橙子	水果	11.25	11.85	12.74	12.98	12.75	12.55	12.3	12.25	12.18	12.05	11.95	12.49
5	大白菜	蔬菜	2.37	2.38	2.85	3.3	3.35	3.34	3.38	2.85	2.64	2.65	2.59	2.87
6	带鱼	水产	33.93	33.98	34.05	34.17	34.09	33.93	33.87	34.02	33.89	33.79	34.15	34.74
7	黄瓜	蔬菜	7.94	7.55	6.2	6.07	5.12	4.72	4.72	5.2	6.05	7.8	9.67	11.18
8	活鸡	畜牧	22.02	22.06	22.18	22.44	22.09	21.71	21.71	21.76	22.01	22.01	22.13	22.78
9	鸡蛋	畜牧	11.24	11.61	11.73	12.7	12.24	11.14	10.93	11.36	11.73	11.87	11.66	12.64
10	鲢鱼	水产	15.21	15.14	15.22	15.45	15.43	15.46	15.48	15.4	14.82	14.95	15.17	16.04
11	鲈鱼	水产	13.88	13.91	13.86	14.1	14.08	14.05	13.98	13.93	13.85	13.79	13.89	14.36
12	牛肉	畜牧	79.81	80.51	80.71	81.14	80.55	80.18	81.72	83.71	84.43	84.9	85.59	87.33
13	苹果	水果	11.49	11.55	11.77	12.25	12.36	12.4	12.12	11.82	11.55	11.4	11.31	11.56
14	四季豆	蔬菜	12.46	11.97	11.42	11.06	10.37	10.15	9.99	10.39	12.4	14.27	16.17	18.35
15	西红柿	蔬菜	8.65	6.99	6.4	5.97	5.7	6.03	6.04	6.6	8.16	9.07	7.98	8.53
16	香蕉	水果	6.74	6.77	6.89	7.08	7.11	7.12	7.56	7.71	7.75	7.47	7.71	
17	羊肉	畜牧	76.65	76.62	76.86	77.66	77.83	77.83	78.58	79.8	80.48	80.86	81.43	82.51
18	猪肉	畜牧	24.43	24.5	25.16	26.1	25.99	22.82	22.91	23.26	23.8	25.13	26.29	29.26

种类	计数项:产品
畜牧	5
蔬菜	5
水产	4
水果	3
总计	17

工作表标签：Sheet1　排序　筛选　分类汇总　**数据透视表**　图表　⊕

图 3-120　数据透视表样张——产品数量

4. 为所有幻灯片的插入"幻灯片编号"和页脚"文化自信"，"标题幻灯片"不显示，利用母版视图修改页脚字体格式：18 号，标准色-橙色。

5. 为第 4 张幻灯片添加批注，输入"备用"后"隐藏"第 4 张幻灯片。

6. 为第 5 张幻灯片的表格设置表格样式："中等样式 2-强调 2"，在第 2 行位置插入一行，输入"春节，正月初一，中国最重要的传统节日，象征着新的一年的开始。"，表格内容对齐方式："垂直居中"。

7. 在第 6 张幻灯片右侧利用"C:\练习三\素材\JR.png"插入图片，大小：高 11 厘米，宽 12 厘米，图片样式："旋转，白色"。

8. 第 7 张幻灯片内容转换为 SmartArt："垂直曲形列表"，更改颜色为"彩色填充-个性色 2"，样式："日落场景"，大小：高 12 厘米，宽 16 厘米，水平居中。

9. 设置所有幻灯片切换方式："动态内容"类别中的"平移"，效果选项："自左侧"，设置自动换片时间："3.00"。

10. 为第 3 张幻灯片内 6 个对象设置动画效果："动作路径"类别中的"直线"，效果选项："右"，持续时间：02.00，与上一动画同时开始计时，第 3 张幻灯片切换调整为无。

11. 在第 1 张幻灯片利用"C:\练习三\素材\BJYY.mp3"插入音频，音量：中等，自动开始，跨幻灯片播放，循环播放直到停止，放映时隐藏。

12. 设置幻灯片的放映方式为"观众自行浏览（窗口）"，放映选项："循环放映，按 Esc 键终止"。

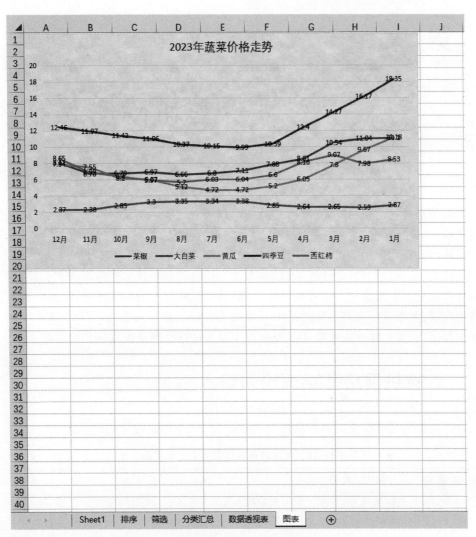

图 3-121 图表样张——2023 年蔬菜价格走势

计算机网络基础

随着信息技术的迅速发展,计算机网络的重要性日益凸显。人们通过网络获取各种信息资源,从浏览新闻、观看视频到进行游戏娱乐,甚至延伸至在线教育和远程医疗等领域。互联网的广泛应用不仅简化了沟通流程、实现了资源共享、提高了工作效率,为生活带来了便利,还为物联网、云计算、大数据和人工智能等新兴技术的发展提供了技术支持。本章旨在让学习者通过学习计算机网络基础知识,了解数据通信实现原理,熟练掌握互联网基础应用,并培养信息安全防范意识。理论考题将考查学习者对计算机网络理论知识的掌握程度,而操作题旨在考查学习者查询和设置计算机网络配置信息的技能。

 ## 4.1 计算机网络基础理论知识点

计算机网络基础理论知识点及考级要求如表 4-1 所示。

表 4-1 计算机网络基础理论知识点及考级要求

知 识 领 域	知 识 单 元	知 识 点	考级要求
计算机网络基础	数据通信技术基础	数据通信基本概念	理解
		常用通信网络	理解
	计算机网络基础	计算机网络的分类	理解
		计算机网络体系的结构	理解
		计算机网络的常用设备	理解
		计算机网络的发展	知道
	互联网基础及应用	互联网的基础	理解
		构建无线网络的工作环境	理解
		Ipconfig 和 ping 命令	掌握
		网络存储(OneDrive)	知道
		互联网的主要应用	理解
		局域网构建	掌握
	物联网基础及应用	传感器技术	知道
		RFID 技术	知道
		NFC 技术	知道
	信息时代的安全技术	防火墙技术	理解
		防病毒技术	理解

续表

知 识 领 域	知 识 单 元	知 识 点	考级要求
计算机网络基础	信息时代的安全技术	远程控制	知道
		备份与还原	知道

4.1.1　数据通信技术基础

1. 数据通信的信道包括模拟信道和数字信道。模拟信道带宽的基本单位是赫兹（Hz），数字信道带宽的基本单位是比特每秒（b/s）。

2. 数据传输的可靠性指标是误码率。

3. 数据传输中的信道传输速率单位是比特率，它的含义是每秒传输的位数（bits per second）。

4. 在计算机网络通信系统中，作为信源的计算机发出的信号都是数字信号，作为信宿的计算机能接收和识别的信号都必须是数字信号。

5. 数据通信的目的是交换信息。

6. 数据是信息的载体，计算机中一般用二进制代码表示。

7. 公共信道是一种通过公共交换机转接，为大量用户提供服务的信道。

8. 目前局域网中使用最普遍的网线是指双绞线。

9. 采用常见的传输介质时，光纤的信号传输衰减最小，带宽最宽，抗干扰能力最强。

10. 地面微波通信是一种无线通信，它的特点包括直线传播和受环境条件的影响。

11. 一个数据通信的系统模型由数据源、数据通信网、数据宿三部分组成。

12. 移动通信系统把通信覆盖区域划分为类似蜂窝形状的单元进行控制。

13. 卫星在空中起中继站的作用，可把地球站发上来的电磁波放大后再送回地球。

14. 第五代移动通信系统（5G）网络的理论峰值传输速率可以达到100Gb/s。

4.1.2　计算机网络基础

1. 根据网络覆盖的地理范围和连接技术，计算机网络可以分为局域网（LAN）、城域网（MAN）和广域网（WAN）。

2. 以太网（Ethernet）是专用于局域网的技术规范。

3. 按拓扑结构划分，常见的网络拓扑结构包括星状拓扑（Star Topology）、总线型拓扑（Bus Topology）、环状拓扑（Ring Topology）、网状拓扑（Mesh Topology）。

4. 广域网一般采用网状拓扑构型，该构型的系统可靠性高，但是结构复杂。为了实现正确的传输必须采用路由选择算法和流量控制方法。

5. 域名与IP地址一一对应，Internet是靠域名称系统（Domain Name System，DNS）完成这种对应关系的转换。

6. 计算机网络建立的主要目的是实现计算机资源的共享。计算机资源主要指计算机硬件、软件与数据。

7. OSI网络结构模型共有7层：物理层（Physical Layer）、数据链路层（Data Link

Layer)、网络层(Network Layer)、传输层(Transport Layer)、会话层(Session Layer)、表示层(Presentation Layer)、应用层(Application Layer)。

8. TCP/IP 网络结构主要分为 4 层：网络接口层(Network Interface Layer)、网络层(Network Layer)、传输层(Transport Layer)和应用层(Application Layer)。

9. OSI 参考模型规定了开放系统中各层间提供的服务和通信时需要遵守的协议。

10. TCP/IP 参考模型是一个用于描述互联网体系结构的网络模型。

11. IP 工作在 TCP/IP 体系结构的网络层，FTP 协议工作在应用层。

12. 路由器工作在网络层，作用是连通不同的网络和选择信息发送的线路。

13. 交换机和网桥一样，都是工作在数据链路层上的设备，它还可以在节点间建立逻辑连接。

14. 网关是能让两个不同类型的网络相互通信的网络互连设备，主要完成传输层以上的转换。

15. 计算机网络系统中的硬件包括服务器、工作站、连接设备和传输介质。

16. 如果一台计算机要接入计算机网络，必须安装的设备是网卡或调制解调器。

17. 家用无线路由器可以将有线宽带转换成无线接入点，常被认为是 AP 和宽带路由二合一的产品。

18. 家中无线路由器若仅作为 AP 使用，以便手机等无线设备无须通过其 DHCP 服务就可自动获得 IP 地址上网，则该无线路由器应连接服务商的 LAN 端口。

19. 学校机房一般采用星状网络拓扑结构。

20. 计算机网络中星状拓扑结构是指以中央节点为中心与各节点连接，采用点对点的数据传输方式。

21. 环状网络的特点是信息在网络中沿固定方向流动，当网络中任何一个工作站发生故障时，都有可能导致整个网络停止工作。

22. Cable 接入方式是通过有线电视线接入上网。

23. IPv4 地址的二进制位数是 32 位，IPv6 地址的位数是 128 位。

24. 计算机网络从功能结构上可分为资源子网和通信子网，其中资源子网的主要目的是提供数据服务和资源共享，通信子网主要提供数据传输和交换。

25. 计算机网络按交换功能可划分分为三种交换方式：电路交换（Circuit Switching）、报文交换（Message Switching）、分组交换（Packet Switching），同时采用两种或多种不同的交换技术的混合交换网既具有实时效应，又融合了存储转发机制。

26. 世界上最大的计算机网络被称为 Internet，它通过路由器将各个网络互连起来，采用分组交换的数据传输方式。

27. ARPANet 是 Internet 的前身。

28. Internet 上使用的基本协议集是 TCP/IP。

29. 所有连接到互联网上的计算机都需要遵守的通信协议集为 TCP/IP 协议。

30. 网络协议是网络通信的规则、标准和约定，它由语义、语法和时序三个要素组成。其中，语义规定了通信双方"讲什么"，语法则规定了通信双方"如何讲"，时序规定了通信双方在何时发送或接收信息，以及通信过程中的时间关系。

31. 发送设备将信息转换成信道上的数字信号的操作称为编码。

32. WAP(Wireless Application Protocol)即无线应用协议,是移动通信设备与因特网之间的通信标准,可实现在移动通信设备上直接访问因特网。

33. 全光网络用光纤将光节点互联成网,采用光波完成信号的传输、交换功能。

4.1.3　互联网基础及应用

1. 主机网络地址,表示该主机在网上的位置,互联网通常采用 IP 地址表示。

2. IP 地址根据其最高位(第 1 字节)的数值范围可分为 A 类、B 类、C 类、D 类和 E 类五种基本类型。

3. A 类地址:最高字节的第一位总是 0,剩余 7 位用来表示网络 ID,地址范围从 0.0.0.0~127.255.255.255,私有地址范围从 10.0.0.0~10.255.255.255。

4. B 类地址:最高字节的前两位是 10,接下来的 14 位用于表示网络 ID,地址范围从 128.0.0.0~191.255.255.255,私有地址范围从 172.16.0.0~172.31.255.255。

5. C 类地址:最高字节的前三位是 110,之后的 21 位表示网络 ID,地址范围从 192.0.0.0~223.255.255.255,私有地址范围从 192.168.0.0~192.168.255.255。

6. D 类地址:最高字节的前四位是 1110,这类地址不分配给主机,而是用于组播通信,地址范围从 224.0.0.0~239.255.255.255。

7. E 类地址:最高字节的前五位是 11110,预留用于实验或将来扩展用途,目前尚未广泛使用,地址范围从 240.0.0.0~255.255.255.255。

8. 用于虚拟网络接口的回环(loopback)地址一般为 127.0.0.1。

9. 域名使用的目的是便于用户记忆和管理需访问的网址或主机。

10. 在因特网域名中,后缀.com 通常表示商业部门,.gov 表示政府机构。

11. 将本地计算机的文件传送到远程计算机上的过程称为上传。

12. 网络地址转换技术很好地解决了 IP 地址紧缺问题。

13. 通过 Internet 给异地的同学发一封邮件,是利用了 Internet 提供的 E-mail 服务。

14. 当 A 用户向 B 用户成功发送 E-mail 后,B 用户计算机没有开机,那么 B 用户的 E-mail 将保存在 B 用户对应的邮件服务器上。

15. 收到一封邮件,再把它寄给别人,一般可以用转发操作。

16. 在 IE 浏览器中,要重新载入当前页,可单击工具栏上的刷新按钮。

17. Internet Explorer 是指浏览器。

18. 在 Internet 中,URL(Uniform Resource Locator)表示统一资源定位符,ISP(Internet Service Provider)表示因特网服务提供商,ISDN(Integrated Services Digital Network)表示综合业务数字网。

19. 使用互联网接入服务时,E-mail 的地址一般是由 ISP 提供的。

20. 在 Internet 中,DNS 指的是域名服务器。

21. IP 地址能唯一标识 Internet 网络中的每一台主机。

22. 在 Internet Explorer 浏览器中,"收藏夹"收藏的是网页的地址。

23. Internet 的两种主要接入方式是专线入网方式和拨号入网方式。

24. FTP 协议实现的基本功能是文件传输。

25. 万维网（WWW）是 Internet 上集文本、声音、动画、视频等多种媒体信息于一身的信息服务器系统，其采用的超文本传输协议是 HTTP 协议。

26. SMTP（Simple Mail Transfer Protocol，简单邮件传输协议）主要负责 E-mail 的发送过程，POP3（Post Office Protocol version 3，邮局协议版本 3）主要用于接收 E-mail 的协议，IMAP（Internet Message Access Protocol，互联网邮件访问协议）是 POP3 的替代协议，也是一种用于 E-mail 的接收协议，允许用户在本地客户端与远程邮件服务器之间同步邮件，这些都是 E-mail 使用的传输协议。

27. Modem 的作用是实现数字信号和模拟信号的转换。

28. 计算机网络中使用的设备 HUB 是指集线器。

29. 统一资源定位器 URL 的组成格式是协议、存放资源的主机域名、路径和资源文件名。

30. 域名和 IP 地址的关系是一个 IP 地址可对应多个域名，因为同一台服务器上的不同站点可以使用虚拟主机技术（Virtual Hosting）共享一个公共 IP 地址。

31. 在计算机网络中，误码率表示数据传输可靠性的指标。

32. 在计算机网络中，通常把提供并管理共享资源的计算机称为服务器。

33. 电子公告板的英文缩写是 BBS（Bulletin Board System）。

34. RSS 是简易信息聚合（Really Simple Syndication）的英文缩写，是一种用于发布和共享网站内容的标准格式，通常扩展名为 .xml 或 .rss。

35. 计算机网络中实现互联的计算机本身是可以进行独立工作的。

36. 计算机网络通信系统是数据通信系统。

37. 网卡是构成网络的基本部件，网卡一方面连接局域网中的计算机，另一方面连接局域网中的传输介质。

38. 在 Windows 环境下，Ipconfig 命令可查看本机的网络配置信息。

39. 在 Windows 环境下，Ping 命令可用来检查网络是否连通，分析和判定网络故障。

40. WiFi 是一个无线网络通信技术的品牌，并不是技术标准，工作频段主要包括 2.4GHz 和 5GHz。

41. 在搜索引擎中默认的逻辑关系是 AND（与），即用空格隔开多个关键词。

42. 在搜索引擎中，如搜索指定的文件类型，可使用的搜索语法是 Filetype；要将检索范围限制在网页标题中，应该使用的语法是 Intitle。

4.1.4　物联网基础及应用

1. IoT 是物联网 Internet of Things 的英文缩写。

2. 物联网的体系架构包括感知层（Perception Layer）、网络层（Network Layer）、平台层（Middleware or Platform Layer）、应用层（Application Layer）、业务管理层（Business Management Layer）。

3. 物联网体系架构中，感知层相当于人的五官和皮肤，主要用于获取外部数据信息。

4. 传感器是可检测信息的电子装置，可感知外界环境信息，是物联网中的基础元件之一，除了可以采集或捕获信息外，还能利用嵌入的微处理机进行信息处理。

5．物联网三项关键技术包括传感器技术、电子标签和嵌入式系统技术。

6．RFID 标签具有全球唯一的识别号，保存着一个物体的属性、状态、编号等信息，在加工芯片时写入，无法修改和伪造。

7．RFID 天线可分为标签天线（Tag Antenna）和阅读器天线（Reader Antenna）两种。

8．近场通信（Near Field Communication，NFC）即近距离无线通信技术，工作距离通常为几厘米，最远不超过 10 厘米，主要应用于手机支付、门禁卡、交通卡、信用卡等。

4.1.5　信息时代的安全技术

1．防火墙主要实现的是内网和外网之间的隔断，是网络安全和信息安全的软件和硬件设施。

2．防火墙的基本功能包括过滤进出网络的数据、管理进出网络的访问行为、记录通过防火墙的信息内容和活动、封堵禁止的业务、对网络攻击检测和警告。

3．防火墙提供的接入模式包括路由模式（Routing Mode）/网关模式（Gateway Mode）、透明模式（Transparent Mode）/桥接模式（Bridge Mode）、混合模式（Mixed/Hybrid Mode）、NAT 模式（Network Address Translation Mode）、双宿主模式（Dual-Homed Mode）。

4．Windows Defender 是 Windows 操作系统提供的软件防火墙，可在控制面板中进行设置。

5．计算机病毒是指能够侵入计算机系统并在计算机系统中潜伏、传播，破坏系统正常工作的一种具有繁殖能力的特殊程序，可通过软件、文件、网络等途径进行传播。

6．计算机病毒具有寄生性、破坏性、传染性、潜伏性、隐蔽性等特点。

7．反病毒软件必须随着新病毒的出现而升级，提高查、杀病毒的功能。

8．数字签名技术能够让邮件接收方准确验证发送方的身份。

9．系统引导型病毒在计算机一开始启动操作系统时就可能起破坏作用。

10．网络蠕虫病毒以网络带宽资源为攻击对象，主要破坏网络的可用性。

11．统计数据表明，网络和信息系统最大的人为安全威胁来自于内部人员。

12．计算机病毒产生的原因主要有恶作剧型、报复心理型、商业利益驱动型、版权保护型、实验与教育研究型以及特殊目的型。

13．计算机病毒的防范，应该采取预防为主的策略。

14．备份对象主要是系统备份和数据备份，其中数据备份包括对用户的数据文件、应用软件和数据库进行备份。

15．网络安全是指网络系统的硬件、软件和数据受到保护。

4.2　典型试题分析和重点难点操作

1．用 Edge 浏览器打开"C:\练习一\素材\智慧职教.mhtml"文件，将该网页以 PDF格式保存在"C:\KS"文件夹中，文件名为"XXF.pdf"。

（1）双击打开"C:\练习一\素材\智慧职教.mhtml"文件，选择 Edge 浏览器的"设置及其他"工具，单击"打印"选项（其他浏览器略有不同），如图 4-1 所示。

图 4-1　浏览器打印

（2）将"打印机"选为"另存为 PDF"，单击"更多"设置，选中"背景图形"复选框，单击"保存"按钮，选择"C:\KS"文件夹，在"文件名"输入框输入"ZHZJ"，将"保存类型"选为"PDF 文件"，单击"保存"按钮，如图 4-2 所示。

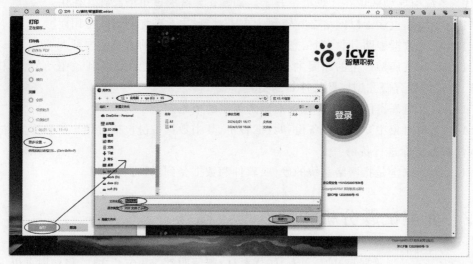

图 4-2　网页另存为 PDF 文件

2. 在"C:\KS"文件夹中创建"Network.txt"文件,使用命令查看网络信息,将使用的命令与当前计算机的任一以太网适配器的物理地址、DHCP 是否已启用、自动配置是否已启用的信息粘贴在内,每个信息独占一行。

(1) 右击"开始"菜单,选择"运行"选项(⊞＋R 快捷键),在"打开"输入框中输入"cmd",单击"确定"按钮(或通过"搜索"工具,输入"命令提示符"后运行),如图 4-3 所示。在"命令提示符"对话框中输入"ipconfig /all",按 Enter 键查看网络信息,选择需要的信息,按 Enter 键(Ctrl＋C 快捷键)复制,如图 4-4 所示。

图 4-3　打开命令提示符

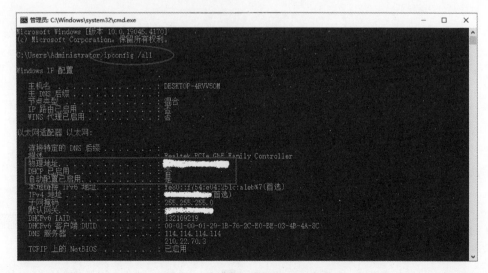

图 4-4　命令提示符 Ipconfig 命令

（2）打开"C:\KS"文件夹，选择"主页"→"新建"→"新建项目"→"文本文档"选项（或在资源管理器窗口内容区域空白处右击，在弹出的快捷菜单中选择"新建"→"文本文档"选项），输入文件名为 Network，如图 4-5 所示。

图 4-5 资源管理器新建文本文档

（3）打开 Network 文本文档，粘贴（Ctrl＋V 快捷键）内容，删除多余信息，单击"保存"按钮后关闭文档，如图 4-6 所示。

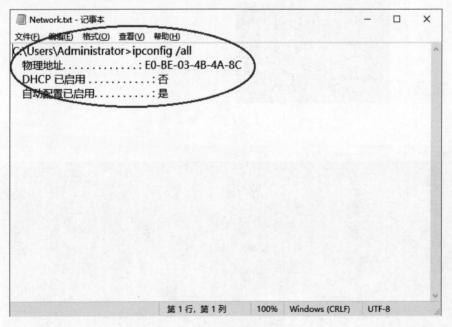

图 4-6 粘贴网络配置信息

3. 测试本地主机与默认网关是否正常通信，将命令及结果窗口截图以 JPG 格式保存在"C:\KS"文件夹中，文件名为"WLLJ.jpg"。

（1）右击"开始"菜单，选择"运行"选项（⊞＋R 快捷键），在"打开"输入框中输入

"cmd"，单击"确定"按钮（或通过"搜索"工具，输入"命令提示符"后运行）。在"命令提示符"对话框中输入"ping 192.168.1.1"（根据上题查询获得的信息输入网关地址），按Enter键确认，查看通信状况，如图 4-7 所示。

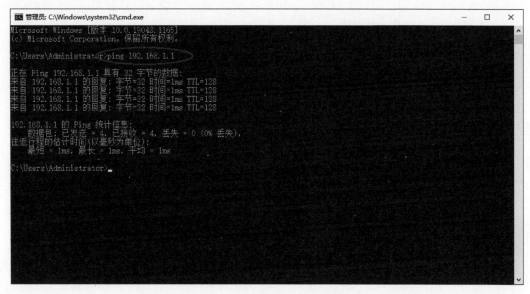

图 4-7　命令提示符 Ping 命令

（2）选择"命令提示符"窗口，按 Alt＋PrintScreen 快捷键进行窗口截图，运行"画图"程序，粘贴（Ctrl＋V 快捷键）截图，选择"文件"→"保存"选项（Ctrl＋S 快捷键）。在"另存为"对话框中，选择"C:\KS"文件夹，在"文件名"输入框中输入"WLLJ"，保存类型选为JPEG，单击"保存"按钮。

4.3　试题荟萃

4.3.1　练习一

1. 用 Edge 浏览器打开"C:\练习二\素材\微校.mhtml"文件，将该网页内的"网络安全宣传教育"图片以 JPG 格式保存在"C:\KS"文件夹中，文件名为"WLAQ.jpg"。

2. 在"C:\KS"文件夹中创建"Loopback.txt"文件，使用命令测试本地主机 TCP/IP协议栈是否正常运行，查看结果并粘贴在内，每个信息独占一行。

3. 使用命令查询当前计算机已有的共享资源列表，将命令及结果窗口截图以 JPG 格式保存在"C:\KS"文件夹中，文件名为"Share.jpg"。

4.3.2　练习二

1. 用 Edge 浏览器打开"C:\练习三\素材\工匠精神.mhtml"文件，截图捕获整页，将该完整网页以 JPG 格式保存在"C:\KS"文件夹中，文件名为"GJJS.jpg"。

2．在"C:\KS"文件夹中创建"Arp.txt"文件，使用命令列出当前 ARP 缓存中的所有条目，包括每个条目的 IP 地址、物理地址（MAC 地址）、类型以及其他相关信息，查看结果并粘贴在内，每个信息独占一行。

3．使用命令查询当前以太网的接口统计数据，将命令及结果窗口截图以 JPG 格式保存在"C:\KS"文件夹中，文件名为"Stat.jpg"。

第 ② 部分

数字媒体

第5章

数字媒体基础

数字媒体技术(Digital Media Technology)涵盖了文字、图片、音频和视频等数字媒体在采集、处理、应用、传输、呈现、交互、管理和安全等方面的软件和硬件技术。数字媒体技术在各个领域都有广泛的应用,包括但不限于广告和营销、娱乐和媒体、教育和培训、医疗保健、虚拟现实和增强现实、游戏开发等。随着技术的不断发展,数字媒体技术在这些领域中的应用越来越多样化和创新化。

本章内容旨在帮助学生深入理解数字媒体技术的基本概念,为他们未来在各个应用领域中的实践提供扎实的理论基础,题目以理论题形式为主,旨在考查学生对相关概念的理解和掌握程度。

5.1 数字媒体基础知识点

数字媒体基础知识点及考级要求如表 5-1 所示。

表 5-1 数字媒体基础知识点及考级要求

知 识 领 域	知 识 单 元	知 识 点	考级要求
数字媒体基础知识	数字媒体	数字媒体及其分类	理解
	数字媒体的表示与存储	文本的表示与存储	理解
		图像的表示与存储	理解
		图形的表示与存储	知道
		声音的表示与存储	理解
		动画的表示与存储	理解
		视频的表示与存储	理解
		数字水印技术	知道
		数字媒体的压缩与编码	理解
	数字媒体传输技术	数字媒体传输技术	理解
	数字媒体处理系统	硬件系统	理解
		软件系统	理解
	数字媒体新技术	互联网与移动应用	知道
		多媒体云计算	知道

续表

知 识 领 域	知 识 单 元	知 识 点	考级要求
数字媒体基础知识	数字媒体新技术	人机交互新技术	知道
		三维建模与 3D 打印	知道
		数据可视化	知道
		人工智能相关技术	知道
数字声音	数字声音的获取	通过麦克风录制声音	掌握
		通过 Audition 获取视频中的声音	掌握
		通过录制立体声混音获取视频中的声音	掌握
		通过格式工厂提取视频中的声音	掌握
		虚拟变声	知道
		TTS 语音合成	知道
		在线语音合成	理解
	数字化声音的处理	声音的物理特征、声音的三要素	理解
		音频压缩编码、音频文件格式	理解
		混音的处理(合成配音诗朗诵)	理解
		声音的编辑(淡入淡出效果)	理解
		音效处理(降噪、提取伴奏音)	理解
		声音的压缩	理解
		视频的配音	理解
	语音识别技术	语音识别的基本原理	知道
		语音识别技术的发展	知道
		语音识别技术的应用	知道
视频处理基础	数字视频信息的获取	数字视频获取的途径	知道
	数字视频基本概念	帧速率、视频分辨率、码率、标清、高清、2K 和 4K 的概念	知道
	数字视频信息压缩编码	视频冗余数据：空间冗余、时间冗余和视觉冗余的概念	知道
		常用的视频编码标准：JPEG 标准、H.26X 系列、MPEG 系列	知道
	视频信息格式的转换	格式工厂的基本用法	知道
	视频播放工具	Windows Media Player、Apple QuickTime 等	知道
	视频编辑软件	家用级、准专业级、专业级、智能手机上的视频编辑工具	知道
	数字视频的编辑处理	准备素材、新建项目、导入素材、视频合成、保存和导出、上传分享	理解

下面分别对各知识单元里知识点的重点考点进行分析。

5.1.1 数字媒体基础知识

1. 根据数字媒体的属性特点可分成不同的种类，如静止媒体和连续媒体、自然媒体

和合成媒体、单一媒体和多媒体。——常见选择题

2．汉字区位码的每字节增加 20H 后变成了国标码。——常见选择题

3．256 色位图需要 8 位二进制存储一个像素。——常见选择题或是非题

4．表示图像的色彩位数越少,同样大小的图像所占用的存储空间越小。

5．位图图像由数字阵列信息组成,阵列中的各项数字用于描述构成图像的各个像素点的位置和颜色等信息;矢量图文件中所记录的指令用于描述构成该图形的所有图元的位置、形状、大小和维数等信息,矢量图不会因为放大而产生马赛克现象。——常见选择题或是非题

6．数字水印的作用是防伪、版权保护、保护信息安全等。——常见选择题

7．虚拟现实简称 VR;增强现实简称 AR;混合现实简称 MR。

8．3D 打印是一种以数字模型文件为基础,通过逐层打印的方式构造物体的技术,多用于工业领域,尼龙、石膏、金属、塑料等材料均能打印。——常见选择题

9．数据可视化是指将一些抽象的数据以图形图像的方式来表示,其作用有传播交流、数据展现、数据分析等。——常见选择题

10．与数字媒体技术相关的人工智能技术有推荐系统、多模态人机交互、智能视频检索。——常见选择题

5.1.2　数字声音

1．声音的三要素为音调、音强和音色,它们分别与声音的频率、振幅、波形等相关。

2．常见的音频文件格式有 WAV、MP3、MIDI、RealAudio、WMA、OGG、AAC、AIFF、FLAC。

3．录音前,在调节声音设置时,无法通过噪声消除获得增强录制效果。

4．虚拟变声除了可以创建多种语音角色外,还可以对一些参数进行调节,通过添加背景音烘托气氛和营造环境,但不能更改均衡。

5．音频压缩编码分为无损压缩和有损压缩两种,熵编码属于无损压缩编码。

6．帮助有视觉障碍的人阅读计算机上的文字信息,主要使用了语音合成技术。

7．语音识别技术是让机器能够“听懂”人类的语音,将其转换为可读的文字信息。

8．语音识别系统主要包含特征提取、声学模型、语言模型以及字典与解码四大部分。

5.1.3　视频处理基础

1．动画和视频都是利用了人眼的视觉暂留特征,与时间相关的数字媒体。数字视频是以数字形式记录的视频,可以通过数字摄像机拍摄获取,也可通过模拟视频信号经 A/D 转换采集获得。——常见选择题

2．Premiere 属于视频编辑软件。

3．MP4 是视频格式。

4．模拟视频信号转数字视频信号的过程称为 A/D 转换。

5. 视频采集卡的作用是将视频输入端的模拟信号转换成数字信号。

6. 一般视频编辑软件中，编辑时的最小单位是帧。

7. MPEG 标准是用于视频影像和高保真声音的数据压缩标准。

8. 图像和视频之所以能进行压缩，在于图像和视频中存在大量的冗余。——常见选择题

9. 格式工厂是一款多媒体格式转换软件。——常见选择题或是非题

10. Windows Media Player 能播放的视频文件扩展名为 AVI。

11. 非线性编辑是在计算机技术的支持下，充分利用合适的编辑软件，对视频素材在时间线上进行任意修改、拼接、渲染和特效等处理。——常见是非题

12. 在视频剪辑时，可以通过马赛克特效将隐私的画面信息模糊处理。

5.2　典型试题分析

声音采样位数计算

采样：声音采样是指录音设备在单位时间内对模拟信号采样的多少，采样频率越高，机械波的波形就越真实越自然。

量化：取样的离散音频要转换为计算机能够表示的数据范围，这个过程称为量化。量化精度越高，声音的保真度越高。

【例 5-1】　立体声双声道采样频率为 44.1kHz，量化位数为 16 位，在未经压缩情况下，1min 这样的音乐所需要的存储量可按 44.1×1000×16×2×60/8 字节公式计算。

解析：每秒钟采集 44.1×1000 个采样点，每个采样点用 16 位二进制信息来存储，双声道采集两次，1min 是 60s，除以 8，转换为字节。

【例 5-2】　一段 5min 的音乐，单声道，采样频率为 11.025kHz，量化位数为 8 位，在不压缩时，所需存储量可按 1×11.025×1000×8×5×60/8 字节公式计算。

解析：每秒钟采集 11.025×1000 个采样点，每个采样点用 8 位二进制信息存储，单声道采集一次，5min 是 5×60s，除以 8，转换为字节。

5.3　试题荟萃

5.3.1　单选题

1. 把连续的影视和声音信息经过压缩后，放到网络媒体服务器上，让用户边下载边收看，这种技术称为_____。

　　A. 流媒体技术　　　　　　　　　　B. 网络信息传输技术
　　C. 网络媒体技术　　　　　　　　　　D. 新媒体技术

2. _____视频编辑工具最适合视频后期合成。

　　A. Photoshop　　　B. Flash　　　C. After Effects　　D. Dreamweaver

3. 神经网络的重新兴起,带来了_____的突破。

    A. 人工智能   B. 语音识别技术   C. 区块链   D. 云技术

4. _____编码不是视频编码标准。

    A. MPEG-1   B. MPEG-2   C. MPEG-3   D. MPEG-4

5. _____文件不是视频影像文件格式。

    A. AVI   B. MPG   C. WPS   D. MOV

6. 人类对图像的分辨能力约为 26 灰度等级,而图像量化一般采用 28 灰度等级,超出人类对图像的分辨能力,这种冗余属于_____。

    A. 时间冗余   B. 空间冗余   C. 视觉冗余   D. 结构冗余

7. 采样得到的音频数据需要经过_____后才能进行编码。

    A. 压缩   B. 剪辑   C. 传输   D. 量化

5.3.2　是非题

1. 动画与视频是利用了人眼的视觉暂留特征的数字媒体。　　　　　　（　　）

2. 将一幅图片放大到一定倍数后出现马赛克现象,则该图片属于图像类别。（　　）

3. 数字化后的多媒体数据中存在大量的冗余数据,图像画面在空间上存在大量相同的色彩信息,被称为时间冗余。　　　　　　　　　　　　　　　　（　　）

4. 在计算机中,电子音乐被称为 MIDI 音乐,MIDI 是一种数字乐器接口标准。

                                          （　　）

5. 语音识别技术也被称为自动语音识别,它的目标是将人类的语音数据转换为可读的文字信息。　　　　　　　　　　　　　　　　　　　　　　　（　　）

6. 常见的音频文件格式有 WAV、MID、MP4 和 WMA 等。　　　　　　（　　）

第6章 数字图像——Photoshop CC 2015

为了在计算机中处理图像,需要将真实图像数字化,转换为计算机可以处理的显示和存储格式,然后才能进行进一步的分析处理。在多媒体计算机中,可以通过扫描仪、数字化仪或图像软件等多种方式获取图像。Photoshop CC 2015 是一款功能强大的图像处理软件,适用于各种领域的图像编辑、设计和创作需求。本教材中选择的 Photoshop CC 2015 版本,是一级考试大纲规定的版本。Photoshop CC 2015 具有丰富的功能和广泛的应用,可支持图像编辑、图层管理、文字处理、绘图和绘画、滤镜和效果、批处理功能、3D 图像处理、Web 设计、移动端应用支持。

本章内容以操作题形式为主,旨在考查学生对 Photoshop 软件使用的熟练程度。

6.1 数字图像知识点

数字图像基础知识点及考级要求如表 6-1 所示。

表 6-1 数字图像基础知识点及考级要求

知 识 领 域	知 识 单 元	知 识 点	考级要求
数字图像	图像的数字化	数字图像的获取方法,图形、图像等基本概念	知道
	图像处理基础	色彩空间模型:RGB、CMYK、Lab、HSB 模型的特点	知道
		分辨率:屏幕、图像、扫描、打印分辨率	知道
		常用图像处理软件	知道
		数字图形、图像文件格式 BMP,WMF,TIF,GIF,JPEG,PSD,PNG 等格式的特点与应用	理解
	图像处理技术	保存	掌握
		图像选取(魔棒工具、矩形选框工具、椭圆选框工具、套索工具、快速蒙版工具等)、选区编辑(移动、缩放、羽化、反选、取消、变换、描边)绘图、修图工具(笔类、橡皮擦、填充、图章工具等)、图像变换(移动、缩放、旋转、裁剪)	掌握

续表

知 识 领 域	知 识 单 元	知 识 点	考级要求
数字图像	图像处理技术	添加文字（文字编辑、文字层栅格化）	掌握
		色彩调整（色阶、色彩平衡、色相/饱和度、曲线）的基本方法	掌握
		图层操作（新建、删除、复制、合并、不透明度等）、图层样式（投影、斜面与浮雕等）、图层混合模式	掌握
		图层蒙版	掌握
		滤镜	掌握
		通道及计算	理解

下面分别对各知识单元里知识点的重要考点进行分析。

6.1.1　数字图像理论知识点

1．扫描仪的主要技术指标有分辨率、色深度及灰度、扫描幅度。

2．扫描仪应用的领域有扫描图像、光学字符识别（OCR）、图像处理等。

3．经扫描仪输入计算机后，可以得到由像素组成的图像。——常见是非题

4．常见的数字图形、图像文件的格式有 BMP、WMF、TIF、GIF、JPEG、PSD、PNG 等。

5．常见的色彩空间模型有 RGB、CMYK、Lab、HSB 等。

6．Photoshop 图像处理软件的专用文件格式扩展名是 PSD。

7．在 Photoshop 中，按住 Shift 键可保证椭圆选框工具绘制出的是正圆形选区。

8．Photoshop 的套索工具组中包含套索工具、磁性套索工具、多边形套索工具。

9．使用 Photoshop 魔棒工具选择图像时，"容差"参数越大，选择范围越大。

10．基于人工智能的图像识别过程是图像的预处理、特征抽取、利用数据集训练得到分类器模型。

11．基于人工智能方法进行图像识别中预处理技术范畴的是图像的灰度化、图像的几何变换、图像增强。

12．图像识别与检索的关键技术是特征提取。

13．图像识别与计算机视觉的应用有人脸识别、监控分析、驾驶辅助、智能驾驶、三维图像视觉、工业视觉检测、医疗影像诊断、文字识别、图像及视频编辑创作等领域。

14．在屏幕上显示的图像通常有两种描述方法，一种称为点阵图像，另一种称为矢量图形。

6.1.2　数字图像操作重点

1. 图像选取

为了满足建立选区的需要，Photoshop 提供了三种选取工具：选框工具、套索工具、魔棒工具。每种选区工具都有它的属性工具栏，可以设置"添加到选区、从选区减去"等功

能,实际抠图时要灵活使用。

2. 图像变换

Photoshop 提供"编辑/变换"菜单,可对选中的图像进行缩放、旋转、斜切、透视、扭曲、变形、水平翻转、垂直翻转等操作。

3. 添加文字

在 Photoshop 中可对添加的文字进行编辑(字体、字号、变形、字间距等)和栅格化。

4. 色彩调整

色彩调整主要用来改变图像色彩的明暗对比、纠正色偏、制作特殊的色彩效果等。Photoshop 的调色命令在"图像/调整"菜单的二级菜单中,色阶、曲线、亮度/对比度等主要用于调整色彩的明暗对比,色相/饱和度、色彩平衡、可选颜色、替换颜色等主要用于纠正色偏,黑白、阈值、渐变映射等主要用于制作特殊的色彩效果。

5. 图层操作

图层可以看作透明的电子画布,一幅图像由多个图层叠加而成。通过调整图层的排列顺序、设置图层的不透明度、使用图层样式 f(x)、修改图层混合模式等操作,可以创建丰富多彩的图像效果。常考的图层样式有斜面浮雕、描边、渐变叠加、投影等,每个样式里都有相应的参数设置,考生根据题目要求去设置即可。图层混合模式解决的是一个图层中的图像如何与下面图层中的图像进行叠加的问题,常考的模式有正常、溶解、变暗、正片叠底、变亮、滤色、叠加、柔光等多种。

6. 滤镜特效

滤镜的工作原理是以特定的方式使像素的位置、数量和颜色值发生变化,从而使图像瞬间产生各种令人惊叹的特殊效果。

Photoshop CC 2015 提供了一些常规滤镜组,如风格化、模糊、扭曲、渲染、像素类、杂色、其他等,每个滤镜组都包含若干滤镜。除此之外,Photoshop CC 2015 还有强大的滤镜库,考生根据题目描述找到相应滤镜即可。

6.2 典型试题分析和重点难点操作

6.2.1 练习一

请使用"C:\素材"文件夹中的资源,参考图 6-1 所示的样张,利用选择、变换、滤镜、图层操作、图层样式、图层混合模式、文字等,按要求完成图像制作,将结果以"photo1.jpg"为文件名另存在 KS 文件夹中。结果保存时请注意文件位置、文件名及 JPEG 格式。

1. 将"pic1.jpg"图片中的熊猫合成到"pic2.jpg"中,注意调整大小和位置,并进行水平翻转。

步骤提示:

(1) 观察熊猫图片素材,背景单一,用魔棒工具更合适;

图 6-1　图像处理练习一样张

（2）抠图得到熊猫图像后，复制图层，水平翻转。

2.　添加横排文字"上海进博会欢迎您"：华文琥珀 Regular、48 点，并添加 5 像素"橙，黄，橙渐变"的外部描边和"平滑、向下、3 像素大小"的枕状浮雕样式，制作透明文字效果。

步骤提示：

（1）单击文字工具 T，添加横排文字工具，并按要求设置字体和字号；

（2）单击图层面板上的 fx 设置描边及斜面和浮雕图层样式，如图 6-2、图 6-3 所示；

（3）将"图层"面板上的"填充"设置为"0"，制作透明文字效果，如图 6-4 所示。

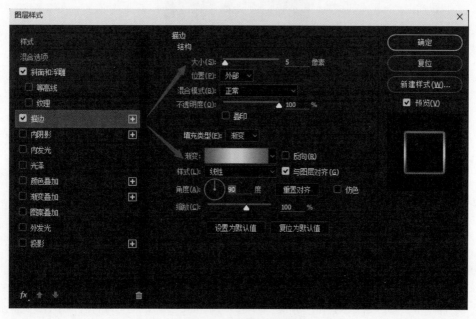

图 6-2　描边参数设置

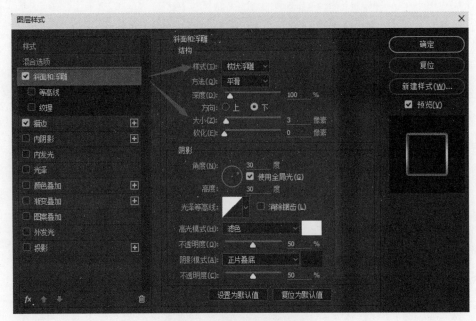

图 6-3　斜面和浮雕参数设置

图 6-4　图层填充设置

3. 对背景图层制作双重圆角画框 1，大小为 20 的边框滤镜效果。

步骤提示：

选中背景图层，选择"滤镜"→"渲染"→"图片框"选项，具体参数如图 6-5 所示。

6.2.2　练习二

请使用"C:\素材"文件夹中的资源，参考图 6-6 所示的样张，利用选择、变换、滤镜、图层操作、图层样式、图层混合模式、文字等，按要求完成图像制作，将结果以"photo2.jpg"为文件名另存在 KS 文件夹中。结果保存时请注意文件位置、文件名及 JPEG 格式。

1. 将"pic1.jpg"合成到"pic2.jpg"中，适当调整大小和位置，为吉祥物图层设置混合

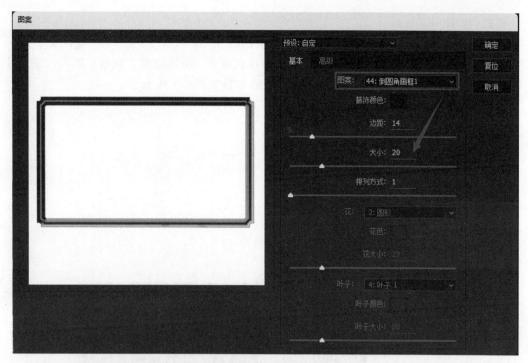

图 6-5　图片框滤镜设置

图 6-6　图像处理练习二样张

模式："点光"样式。添加图层样式为外发光：扩展 10％、大小 15 像素；设置斜面和浮雕为方向：下。

　　步骤提示：

（1）观察吉祥物素材，背景单一，用魔棒工具更合适；

（2）抠图后，使用编辑菜单下的"变换"命令进行等比例缩放；

（3）在"图层"面板上单击"正常"右边向下箭头，在弹出的列表中选择"点光"图层混合模式。如图 6-7 所示。

2. 输入横排文字"绿色亚运 魅力杭州"，设置：隶书、大小 48 点，♯08fcff，变形文字为波浪、弯曲：－50％。为文字图层添加图层样式效果：添加距离 5 像素的投影效果；斜面和浮雕：样式为"浮雕效果"，方向：下。变形参数如图 6-8 所示。

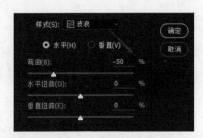

图 6-7　点光图层混合模式设置　　　　　图 6-8　文字变形设置

3. 为背景图层设置滤镜库中"绘画涂抹"的滤镜效果，参数默认，如图 6-9 所示。

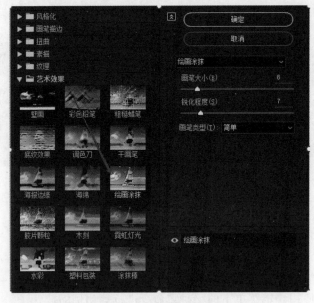

图 6-9　绘画涂抹滤镜设置

6.3　试题荟萃

6.3.1　拓展练习一

请使用"C:\素材"文件夹中的资源,参考图 6-10 所示的样张,利用选择、变换、滤镜、图层操作、图层样式、图层混合模式、文字等,按要求完成图像制作,将结果以"photo3. jpg"为文件名另存在 KS 文件夹中。结果保存时请注意文件位置、文件名及 JPEG 格式。

图 6-10　拓展练习一样张

1. 打开"C:\素材\风景及人物"图片,将人物周围的白色去除后合成到风景层上,并调整大小、方向及位置;对背景图层使用"渲染/镜头光晕"滤镜,设置:50~300mm 变焦,85%亮度。

2. 打开"C:\素材\飞机"图片,去除周围颜色合成到文档中,并调整大小、角度及位置。使用"风格化/风"滤镜一次,风的方向:从左。

3. 调整飞机层的混合模式为"叠加",不透明度为 80%,"外发光"图层样式。

6.3.2　拓展练习二

请使用"C:\素材"文件夹中的资源,参考图 6-11 所示的样张,利用选择、变换、滤镜、图层操作、图层样式、图层混合模式、文字等,按要求完成图像制作,将结果以"photo4. jpg"为文件名另存在 KS 文件夹中。结果保存时请注意文件位置、文件名及 JPEG 格式。

1. 新建 600 像素×400 像素的白色背景文档。用"♯d9f6fa"颜色填充背景图层,并添加拼贴大小为 30、缝隙宽度为 5 的马赛克拼贴纹理滤镜。

2. 打开"C:\素材\木纹及坝上草原"图片,将木纹合成到背景层并调整大小,用矩形选框扣成相框,并为相框图层添加斜面和浮雕、投影样式。使坝上草原图片合成到相框内。

图 6-11　拓展练习二样张

3. 输入直排文字"坝上草原"：隶书、60 点，添加色谱渐变叠加、投影图层样式。

6.3.3　拓展练习三

请使用"C:\素材"文件夹中的资源，参考图 6-12 所示的样张，利用选择、变换、滤镜、图层操作、图层样式、图层混合模式、文字等，按要求完成图像制作，将结果以"photo5.jpg"为文件名另存在 KS 文件夹中。结果保存时请注意文件位置、文件名及 JPEG 格式。

1. 对"pic2.jpg"图像中山坡部分进行设置，适当调整色相/饱和度，效果如图 6-12 样张所示。

2. 将"pic1.jpg"合成到"pic2.jpg"中，适当调整位置和大小，利用蒙版制作效果如图 6-12 样张所示。

3. 如图 6-12 样张所示在适当图层上添加镜头光晕的滤镜效果（电影镜头）。

4. 输入横排文字"山川壮丽"，字体为隶书、100 点、白色，3 像素红色描边。

图 6-12　拓展练习三样张

6.3.4 拓展练习四

请使用"C:\素材"文件夹中的资源,参考图 6-13 所示的样张,利用选择、变换、滤镜、图层操作、图层样式、图层混合模式、文字等,按要求完成图像制作,将结果以"photo6.jpg"为文件名另存在 KS 文件夹中。结果保存时请注意文件位置、文件名及 JPEG 格式。

1. 新建画布,800 像素×600 像素,每英寸 72 分辨率,RGB 色彩模式,背景白色。

2. 打开所给图片素材。将背景.JPG 合成到操作界面,并调整到与画布同宽同高。

3. 将镜框合成到界面,按图 6-13 所示的样张调整其大小和位置;将房子图片合成到操作界面。应用"拼缀图"滤镜一次,设置方形大小:1,凸现:2。

4. 添加横排文字"山里人家":华文隶书、72 点、扇形变形,并添加斜面和浮雕及 3 像素、蓝红黄渐变外部描边样式,填充为 0,制作透明文字效果。

图 6-13 拓展练习四样张

第7章 动画基础——Animate CC 2017

动画的形成是利用了人眼的视觉暂留特征。不同的软件提供了不同的动画制作方法,本章选用的是二维动画制作软件 Animate CC 2017,这也是一级考大纲规定的版本。Adobe Animate CC 2017 是 Adobe 的一款专业动画制作软件,提供了丰富的功能和应用,用户使用此软件可以创建各种类型的动画作品。Animate CC 2017 支持功能有矢量绘图工具、动画制作、多平台输出、交互设计、集成 Adobe Creative Cloud、动画效果、多媒体支持等。

一级考中本章内容以操作题形式为主,重点考查学生对软件使用的熟练程度。

 7.1 动画基础知识点

动画基础知识点及考级要求如表 7-1 所示。

表 7-1 动画基础知识点及考级要求

知识领域	知识单元	知识点	考级要求
动画基础	传统动画与数字动画	动画的产生原理	知道
		数字动画的类型(二维动画、三维动画、真实感三维动画)	知道
		数字动画常用软件	知道
	二维动画的制作	导出和保存文件	掌握
		设置舞台大小、背景色、帧频,导入素材,分层创建动画	掌握
		动画制作(逐帧动画)	掌握
		动画制作(形状补间动画)	掌握
		动画制作(补间动画)	掌握
		动画制作(在动画中使用元件)	掌握
		动画制作(在动画中使用遮罩)	理解
		动画制作(骨骼动画)	知道
	简单三维动画的制作	简单三维动画的制作	知道

下面分别对各知识单元里知识点的重点考点进行分析。

7.1.1　动画制作基础知识

1．用来制作二维动画的软件有 Flash、Animate 等。

2．Animate 的标准脚本语言是 ActionScript。

3．Animate 源文件和影片文件的扩展名分别为 FLA 和 SWF。

4．在 Animate 中，如果时间轴的帧上显示一个空心圆圈，表示"空白关键帧"，不包含任何内容。

5．设置帧频就是设置动画的播放速度，帧频越大，播放速度越快。

6．Animate 元件有图形、影片剪辑和按钮。

7．在 Animate 中，在元件编辑状态下对元件的修改将影响所有的该元件的实例。

8．在 Animate 中，用文本工具制作的文字为非矢量对象。

9．在 Animate 中，形状补间动画的变形对象必须是矢量图形。

10．对文本对象进行补间形状动画，先要对文本对象进行分离。

7.1.2　动画制作操作重点

1．制作逐帧动画

在连续的一组画面中，每一幅的内容都不相同，并且其变化也没有规律可循，就需要逐个地把画面上的内容安排好，这就是逐帧动画。

2．形状补间动画

Animate CC 2017 中补间分为 3 种：动画补间、形状补间、传统补间。

形状补间动画是针对矢量图形角色的动画，是画面中点到点的位置、颜色变化，动画补间则是对象、组合或元件的实例等非矢量对象的移动、缩放、旋转、淡入淡出等。

矢量对象与非矢量对象的区别：矢量对象包括利用 Animate 的工具所绘制的各种图形，选定时其表面出现白点，没有边框线；非矢量对象包括文字对象、各种组合对象、元件的实例对象等，选定后四周出现蓝色框线。非矢量对象分离后可以转化为矢量对象，矢量对象组合或者转换为元件后，可以变成非矢量对象。

3．创建补间动画

创建补间动画是 Flash CS4 以后的新功能，Animate 也有。不同于传统补间动画，不需要添加运动引导层，在本图层中创建补间动画后，可以任意调整运动轨迹。

7.2　典型试题分析和重点难点操作

7.2.1　练习一

打开"C:\素材\sc. fla"文件，参照样张制作动画（除"样张"文字外），制作结果以"donghua. swf"为文件名导出影片并保存在 KS 文件夹中。注意：添加并选择合适的图层，动画总长为70帧。本章动画样张均为动态样张，请读者扫描前言二维码获取。

操作要求：

1. 将"背景"元件放置在第1帧，设置舞台大小与"背景"图片大小匹配，显示到70帧，帧频为12帧/秒。

2. 新建图层，将"元件1"放置在舞台右上角，大小为原来的10%，Alpha为原来的10%；第1帧到25帧顺时针旋转3圈并逐渐放大到30%，Alpah为100%。

3. 元件1停留5帧，然后从第30帧到第50帧放大到50%并漂移到右边，静止显示到70帧。

4. 新建图层，文字1从第30帧到第45帧逐字出现，然后从第50帧到第60帧逐渐变形为文字2，静止显示到70帧。

步骤提示：

（1）利用对齐面板设置背景图片相对于舞台居中对齐并匹配舞台大小，如图7-1所示。

图7-1　对齐面板设置

（2）从"库"中将元件1拖曳到舞台右上角，并在变形面板中设置元件大小为原来的10%，在属性面板上设置元件的透明度为原来的10%，如图7-2所示。

（3）在第25帧处插入关键帧，将元件1拖曳到样张位置处，并按照上述方式设置大小和透明度，然后在第1帧和第25帧之间任意位置右击，选择"创建传统补间"；在属性面板设置补间属性为顺时针，3圈，结果如图7-3所示。

（4）分别在第30帧和第50帧处右击插入关键帧，并将第50帧的元件1位置移动到右边，大小改为50%，并在第30帧和第50帧之间任意位置右击，选择"创建传统补间"。

（5）新建一个图层，在第30帧处右击，插入"空白关键帧"，将库中文字1拖曳到舞台相应位置（如样张所示）后右击，选择"分离"，直到分离为矢量图形（离散点）为止。在第35、40、45、50帧处右击选择"插入关键帧"，在第60帧处右击插入"空白关键帧"，将库中文字2拖曳到舞台相应位置，多次分离为矢量图形。单击第30帧，将文字1中后三个字

图 7-2　变形面板设置

图 7-3　补间属性设置

删除；单击第 35 帧，将文字 1 中后两个字删除；单击第 40 帧，将文字 1 中最后一个字删除，实现逐字出现效果。在第 50 帧和第 60 帧之间任意位置右击，选择"创建补间形状"，实现文字 1 到文字 2 的逐渐变形。操作完成后的结果如图 7-4 所示。

图 7-4　补间形状设置

7.2.2　练习二

打开"C:\素材\sc.fla"文件，参照样张制作动画（除"样张"文字外），制作结果以"donghua.swf"为文件名导出影片并保存在 KS 文件夹中。注意：添加并选择合适的图层，动画总长为 60 帧。

操作要求：

1. 将"背景 1"放置在舞台中央，使之与舞台大小匹配。

2. 设置"背景 1"由第 1 帧到第 20 帧透明度为 15％的逐渐淡出效果；设置"背景 2"从第 21 帧透明度为 15％到第 40 帧逐渐淡入的效果，并静止显示至第 60 帧。

3. 新建图层，从第 5 帧到第 20 帧逐字显示文字 1"垃圾分类"；从第 21 帧到第 40 帧逐渐变形为文字 2"从我做起"，并静止显示到第 60 帧。

4. 新建图层，从第 40 帧到第 50 帧元件太阳逐渐放大，显示在舞台右上角（如样张所示），并静止显示到第 60 帧。

操作步骤请参考动画制作练习一，此处不再赘述。

7.3　试题荟萃

7.3.1　拓展练习一

打开"C:\素材\sc.fla"文件，参照图 7-5 所示的样张制作动画（除"样张"文字外），制作结果以"donghua.swf"为文件名导出影片并保存在 KS 文件夹中。注意：添加并选择合适的图层，动画总长为 100 帧。

操作要求：

1. 设置影片大小为 800 像素×800 像素，帧频为 12 帧/秒，背景颜色白色。将嘉定竹刻.jpg 图片放置在舞台中央，显示至第 100 帧。

2. 新建图层，将元件 1 放置在舞台中央，缩小为原始大小的 10％，透明度为 0，创建从第 1 帧至第 40 帧淡入、透明度为 100％，变为原始大小，移动到舞台右下角的动画效果，并显示到第 100 帧。

3. 新建图层，从第 40 帧开始，将元件 2 放置在舞台中央，缩小为原始大小的 10％，透明度为 0，创建第 40 帧至第 80 帧淡入、透明度为 100％，元件 2 顺时针旋转 2 圈，变为原始大小的动画效果，并显示至第 100 帧。

4. 新建图层，在舞台顶端中央，从第 1 帧到第 40 帧，创建 80 点大小、华文行楷、黄色的文字"嘉定竹刻"逐字显示的动画效果，并显示至第 100 帧。

5. 新建图层，从第 40 帧开始，将元件 3 放置在舞台中央，位置在文字"嘉定竹刻"的下方，创建到第 80 帧逐渐变大为原图的 650％，色调变为粉红色的动画效果，并显示至第 100 帧。

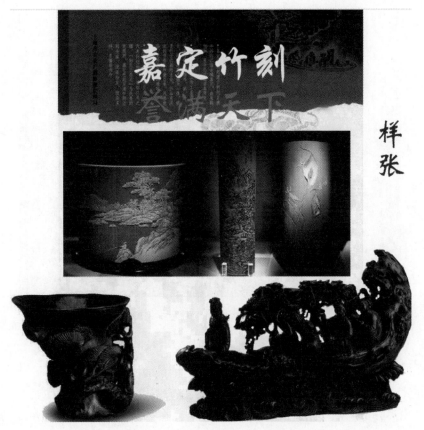

图 7-5　动画制作拓展练习—样张

7.3.2　拓展练习二

打开"C:\素材\sc. fla"文件,参照图 7-6 所示的样张制作动画(除"样张"文字外),制作结果以"donghua. swf"为文件名导出影片并保存在 KS 文件夹中。注意:添加并选择合适的图层,动画总长为 60 帧。

操作要求:

1. 将库中的"背景"元件放置到舞台中央,设置影片大小与"背景"图片大小相同,帧频为 10 帧/秒,并静止显示至第 60 帧。

2. 新建图层,将"小蜜蜂飞舞"影片剪辑放置在该图层,调整大小和方向,创建小蜜蜂从第 1 帧到第 40 帧从左上到右下逐渐变大的动画效果,并显示至第 60 帧。

3. 新建图层,将"文字 1"元件放置在该图层,从第 1 帧静止显示至第 20 帧。然后创建从第 20 帧至第 50 帧将"文字 1"变形为"文字 2"的动画效果,并静止显示至第 60 帧。

4. 新建图层,利用"采蜜"元件,适当调整方向,按样张创建从第 1 帧到第 30 帧"采蜜"元件以底部右下角为轴心从右往左,从第 30 帧到第 60 帧从左往右摇曳的动画效果。

图 7-6　动画制作拓展练习二样张

7.3.3　拓展练习三

打开"C:\素材\sc. fla"文件,参照图 7-7 所示的样张制作动画(除"样张"文字外),制作结果以"donghua. swf"为文件名导出影片并保存在 KS 文件夹中。注意：添加并选择合适的图层,动画总长为 70 帧。

图 7-7　动画制作拓展练习三样张

操作要求：

1．设置影片大小为 550 像素×400 像素，背景颜色为白色，帧频为 12 帧/秒。

2．将库中元件 1 放置在舞台中央，静止显示至第 14 帧，创建从第 15 帧开始到第 30 帧元件 1 逐渐淡出的动画效果。从第 31 帧到第 45 帧，将元件 2 放置在舞台中央，制作元件 2 逐渐淡入的动画效果，显示至第 70 帧。

3．新建图层，将库中元件 4 缩小为原始大小的 30％，色调改为蓝色，放置在居中靠下的位置，从第 1 帧静止显示至第 9 帧，从第 10 帧开始到第 40 帧，逐渐放大为元件原始大小，色调变为粉红色，显示至第 70 帧。

4．新建图层，从第 40 帧开始到第 60 帧，在元件 4 位置上方，逐字显示黄色、80 像素大小，华文行楷文字"古漪雅韵"，显示至第 70 帧。

5．新建图层，将元件 3 调整大小和方向，缩小为原始大小的 50％，方向改为白鹤头向右下方，放置在左上角，第 1 帧至第 30 帧从左上方向中间飞，大小变为元件 3 原始大小；第 31 帧至第 60 帧改变方向，从中间飞向右上方，放大为原始大小的 150％，显示至第 70 帧。

7.3.4　拓展练习四

打开"C:\素材\sc.fla"文件，参照图 7-8 所示的样张制作动画（除"样张"文字外），制作结果以"donghua.swf"为文件名导出影片并保存在 KS 文件夹中。注意：添加并选择合适的图层，动画总长为 70 帧。

图 7-8　动画制作拓展练习四样张

操作要求：

1．设置影片大小为 550 像素×400 像素，帧频为 10 帧/秒。设置影片背景颜色为

"♯33FFFF"。

2. 在图层1，从第1帧到第40帧，创建元件1淡入效果并静止显示至第70帧。

3. 新建图层，从第1帧将元件2缩小为原始大小的30％，到第30帧处元件2恢复原始大小并且移动到最右端中间位置。再从第31帧到第60帧移动到图片中心位置。前30帧要求速度减慢（缓动100），元件2按样张演示效果沿曲线运动。

4. 新建图层，从第10帧开始到第40帧，创建60号大小、红色、隶书文字"数码时代"逐字显示的动画效果，延长显示到第70帧。

第**8**章
网页制作——Dreamweaver CC 2018

互联网已经成为人们获取信息的重要渠道,网页中各种数字媒体如何集成在一起,不同的集成工具提供了不同的网页制作方法。本章选用的是可视化网页编辑工具Dreamweaver CC 2018,这也是一级考大纲规定的版本。Adobe Dreamweaver CC 2018是一款专业的网页设计和开发工具,提供了许多功能和应用,使用户能够创建、编辑和管理网站和网页。Dreamweaver CC 2018支持可视化网页设计、代码编辑、响应式设计、网站管理、预览和调试、集成 Adobe Creative Cloud、动态网站开发、网页模板等应用。

一级考中本章内容以操作题形式为主,重点考查学生对软件使用的熟练程度。

8.1　网页制作知识点

网页制作知识点及考级要求如表 8-1 所示。

表 8-1　网页制作知识点及考级要求

知 识 领 域	知 识 单 元	知 识 点	考级要求
数字媒体的集成与应用	互联网上的数字媒体应用	可视化网页媒体集成工具	知道
		网页制作(标题、背景色、背景图片、超链接颜色等)	掌握
		网页制作(表格)	掌握
		网页制作(文字格式)	掌握
		网页制作(超链接)	掌握
		网页制作(图片、动画)	掌握
		网页制作(列表、项目符号、特殊符号、日期、空格、水平线)	掌握
	移动终端中的数字媒体应用	微信公众号	知道
		微信小程序	知道
	数字媒体集成平台	iH5 平台	知道
		数字媒体的跨平台发布	知道

下面对网页制作部分的理论基础知识点进行分析。

8.1.1　网页制作基础知识

1. 超文本传输协议（Hypertext Transfer Protocol，HTTP）是一个客户端（用户）和服务器端（网站）请求和应答的标准（TCP）。例如，网址 http://www.baidu.com，其中 HTTP 表示的就是协议名。——常见选择题、是非题。

2. 域名系统（Domain Name System，DNS）是互联网的一项服务，用来管理名字和 IP 的对应关系，负责域名和 IP 地址的转换。——常见是非题

3. 超文本标记语言（Hyper Text Markup Language，HTML），是一种用于创建网页的标准标记语言。互联网上的网页是通过超文本标记语言，将文本和各种数字媒体集成在浏览器上的。——常见是非题

4. 在 HTML 中，html/html 告诉浏览器这是一个 HTML 文档，head/head 表示这是文档的头部，用于定义网页标题的标记是 title/title，用于定义网页主体的标记是 body/body。——常见选择题和是非题

5. 在 HTML 标记中，常见的单个标记有：br，换行符，通常用于文本内容以创建单个换行符而不是段落；hr，水平线，用于在网页中添加一条直线；img，图像标记，用于将图形图像添加到网页；input，表单里用于用户输入的单标签。——常见选择题、是非题。

6. 表格由行、列、单元格 3 部分组成，一般通过 3 个标记来创建，分别是表格标记 table、行标记 tr、单元格标记 td，3 个标记缺一不可。——常见选择题

7. CSS 为层叠样式表，是一种用来表现 HTML 等文件样式的计算机语言，能够对网页中元素位置的排版进行像素级精确控制，支持几乎所有的字体字号样式，使浏览器按某种格式显示网页。——可考是非题

8. 主页是用户访问网站的入口，其文件名通常是 index.html 或 default.html，便于服务器默认优先显示。——可考选择题

8.1.2　网页制作操作重点

1. 网页元素的添加

（1）页面属性的设置。

页面属性指的是网页的基本属性，在"属性"面板上的"页面属性"对话框里，可以设置网页整体的文本格式、网页的背景图片、背景颜色，以及超级链接颜色等。

（2）特殊字符的输入。

当输入法处于半角状态时，按 Space 键只能输入一个空格，而无法连续输入多个空格。如果需要输入连续的空格，则可以按 Ctrl＋Shift＋Space 快捷键；如果想插入其他特殊符号如版权符号、商标符号等，则可选择"插入"→HTML→"字符"选项，进行插入；如果想插入水平线和日期，则可选择"插入"→HTML 选项，进行插入。

（3）图像、鼠标经过图像、Flash 动画、视频、音频的插入。

如果想插入图像，则可选择"插入"→HTML→Image 选项，进行插入。

如果想插入鼠标经过图像，则可选择"插入"→HTML→"鼠标经过图像"选项，进行插入。

如果想插入 Flash 动画,则可选择"插入"→HTML→Flash SWF 选项,进行插入。

如果想插入视频,则可选择"插入"→HTML→HTML5 Video 选项,进行插入。

如果想插入音频,则可选择"插入"→HTML→HTML5 Audio,进行插入。

2. 表格的应用

(1)表格的属性。

选取整个表格,然后选择 table 标签,就可以在属性面板上设置表格的属性,包括行列数、表格宽度、表格对齐方式以及表格的边框线宽度等。

(2)表格的编辑。

选中要操作的单元格,可以在属性面板设置单元格的水平、垂直对齐方式以及合并或拆分单元格等操作。

3. 表单的使用

在输入表单对象之前,要先建立表单域,选择"插入"→"表单"→"表单"选项,可建立一个表单域(红色的虚线框),然后再选择"插入"→"表单"选项,选择不同的表单对象,包括文本、密码、文本区域、按钮、选择、单选按钮、复选框等。

8.2　典型试题分析和重点难点操作

8.2.1　练习一

利用"KS\wy"文件夹下的素材(图片素材在"wy\images"文件夹下),按以下要求制作或编辑网页,结果保存在原文件夹下。

操作提示:

1. 打开主页"index. html",设置网页标题为"中国女排";设置网页背景图片为"bg. jpg";设置表格属性:居中对齐,边框线宽度、单元格填充和单元格间距都设置为 0。

2. 按如图 8-1 所示的样张,合并第 1 行的 1～3 列单元格,设置"中国女排"的文字格式(CSS 目标规则名为. f):字体为楷体,大小为 36 像素,居中显示。

3. 按如图 8-1 所示的样张,分别在第 2 行第 3 列和第 3 行第 3 列中插入图片"nvpai3. jpg"和"nvpai4. jpg",并让"nvpai3. jpg"图片超链接到"intr. html",然后为中间的文字添加项目符号。

4. 按如图 8-1 所示的样张,在第 3 行第 1 列单元格中,添加"用户名:"单行文本域,添加"有信心""无信心""无所谓"3 个单选按钮(组名为:bg),并在下面添加两个按钮,分别为"提交"和"重置",所有内容居中显示。

5. 按如图 8-1 所示的样张,在 E-mail 图片和"联系我们"文字中间加 4 个半角空格,并为"联系我们"添加 E-mail 链接 master@263. net;设置该单元格的背景色为"♯EEEEEE",单元格垂直方向的对齐方式为底部。

注意:图 8-1 所示的样张仅供参考,相关设置按题目要求完成即可。由于显示器分辨率或窗口大小及浏览器的不同,完成后的结果可能与样张图片存在差异。

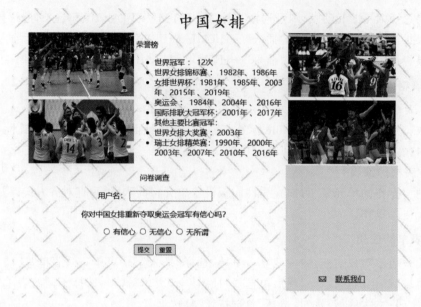

图 8-1　网页制作练习一样张

步骤提示：

（1）启动 Dreamweaver，打开"index. html"文件，在"设计"视图下进行网页编辑。单击"页面属性"按钮，打开如图 8-2 所示的对话框，设置网页标题为"中国女排"。

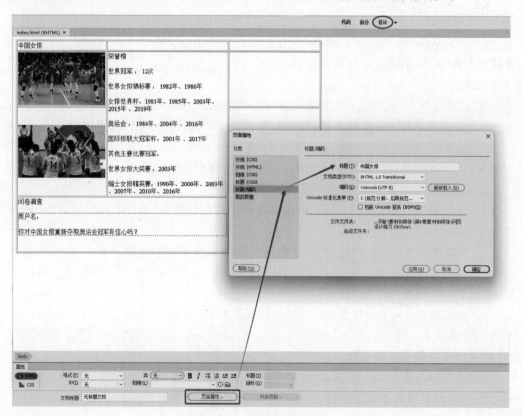

图 8-2　网页标题设置

选择"外观"，单击"浏览"按钮找到"背景图像"bg.jpg，如图 8-3 所示。

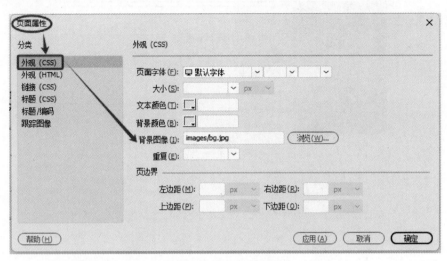

图 8-3　背景图片设置

在表格中的任意位置上单击，选择左下角的 table 标签，如图 8-4 所示设置表格属性。

图 8-4　表格属性设置

（2）选中第 1 行 1～3 列单元格，单击"属性"面板上的"合并单元格"，将 3 个单元格合并为一个单元格，如图 8-5 所示。

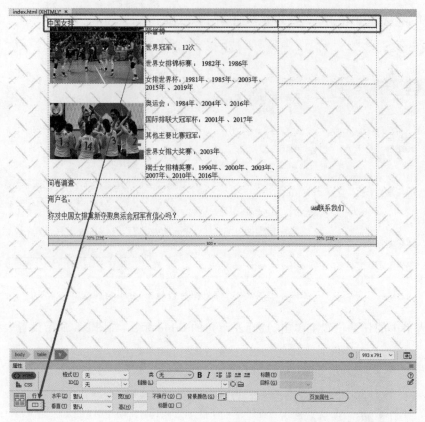

图 8-5　合并单元格设置

选中"中国女排"，执行"插入"命令，打开"插入 Div"对话框，单击其中的"新建 CSS 规则"按钮，打开"新建 CSS 规则"对话框，在对话框中输入新建的 CSS 规则选择器名称". f"后单击"确定"按钮，如图 8-6 所示。这时打开所设置的对象的 CSS 规则定义对话框，可以定义该 DIV 区域对象的各种格式，如图 8-7、图 8-8 所示。完成设置后，在"属性"面板设置"水平"单元格为"居中对齐"。

（3）分别在第 2 行、第 3 行的第 3 列插入相应图片，并单击第 1 张图片，如图 8-9 所示，设置图片的超链接。

如图 8-10 的样张所示，选中"荣誉榜"下面的内容，单击"属性"面板上的 HTML 设置项目符号。

（4）光标定位在表格第 3 行第 1 列红色虚框（表单域）内，如图 8-1 的样张所示，在相应位置分别插入"文本"和"单选按钮组"，分别设置各自属性。

① 将光标定位在"用户名"右边，执行"插入/表单/文本"命令，删除出现的"Text Field："文本。选定其右边的文本框，在"属性"面板中设置自动焦点（勾选 Auto Focus）、最大宽度为 20、必填（勾选 Required）如图 8-11 所示。

② 将光标定位在"有信心吗？"右边，执行"插入/表单/单选按钮组"命令，按照如图 8-12 所示添加标签。然后如图 8-1 的样张所示，用鼠标拖动的方法将 3 个单选按钮调整到一行上。

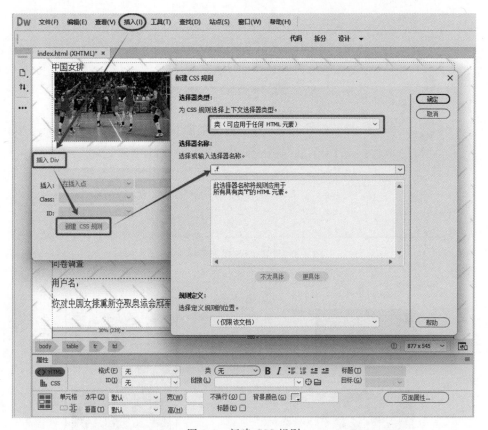

图 8-6　新建 CSS 规则

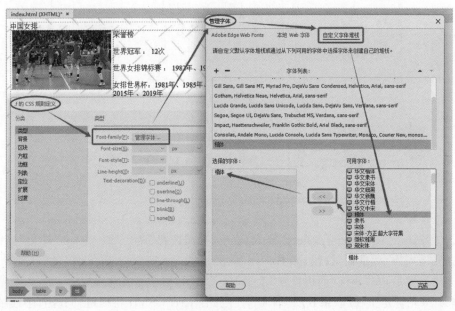

图 8-7　设置 CSS 规则字体

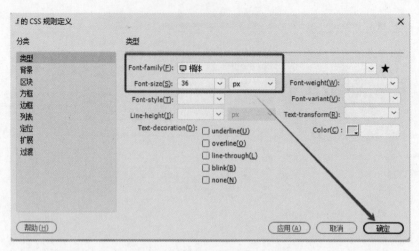

图 8-8 设置 CSS 规则字体大小

图 8-9 设置图片超链接

③ 将光标定位在下一行，执行"插入/表单/提交按钮"命令，插入一个"提交"按钮，用同样办法插入一个"重置"按钮，如图 8-13 所示。

完成设置后，在"属性"面板设置"水平"单元格为"居中对齐"。

（5）将光标定位在"联系我们"前面，左手按住 Ctrl+Shift 快捷键，同时右手连续敲 4 个空格，输入 4 个半角空格；选中"联系我们"添加"电子邮件链接"，如图 8-14 和图 8-15 所示。

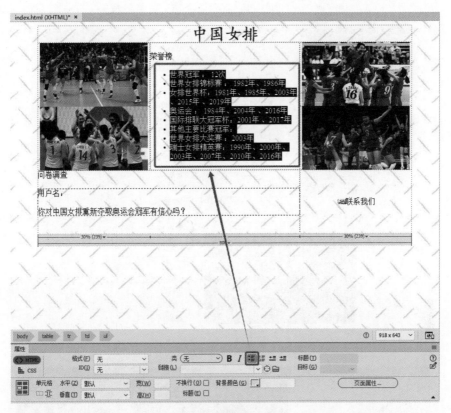

图 8-10　设置项目符号

图 8-11　文本属性设置

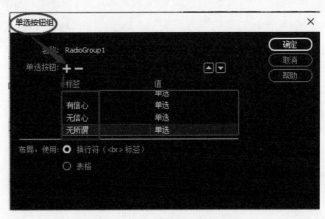

图 8-12　单选按钮组属性设置

图 8-13　插入按钮

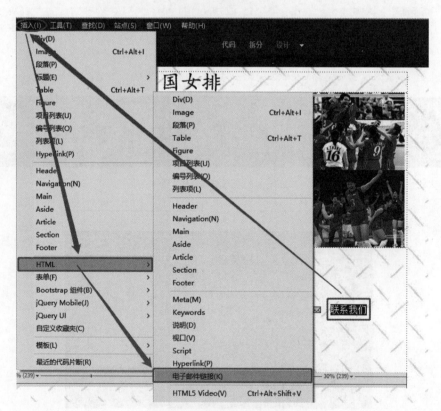

图 8-14　插入电子邮件链接

图 8-15　设置电子邮件链接

将光标定位在本单元格,在"属性"面板上设置单元格的背景颜色和单元格的对齐方式,如图 8-16 所示。

图 8-16　设置单元格格式

最后按 F12 键,实时预览网页效果,与图 8-1 所示样张进行对比,微调。

8.2.2　练习二

利用"KS\wy"文件夹下的素材(图片素材在"wy\images"文件夹下),按以下要求制作或编辑网页,结果保存在原文件夹下。

1. 打开主页"index. html",设置网页标题为"母亲节";设置网页背景图片为"bg. jpg";设置表格属性:居中对齐,边框线宽度、单元格填充、间距设置为 0。

2. 如图 8-17 的样张所示,设置"母亲节的来历"的文字格式:字体为华文楷体,大小为 24px,居中显示;第 2 行第 1 列中的正文内容按照样张开头空 8 个半角空格的位置。

3. 如图 8-17 的样张所示,插入两个单选按钮,组名为 bg,并设置"知道"为默认选项,插入 4 个复选框,添加两个按钮"提交"和"重置"。

4. 合并第 3 行的第 1、2 列,插入水平线,设置水平线的宽度为 90%,颜色为

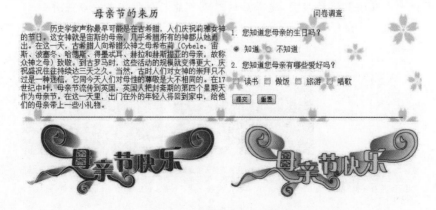

图 8-17　网页制作练习二样张

"♯D5187C"。

5. 如图 8-17 的样张所示,分别在第 4 行的第 1、2 列插入"m1.jpg"和"m2.jpg",设置"m2.jpg"超链接至"m.html",并在新窗口打开。

注意：图 8-17 所示的样张仅供参考,相关设置按题目要求完成即可。由于显示器分辨率或窗口大小及浏览器的不同,完成后的结果可能与样张图片存在差异。

操作过程参考练习一,步骤不再赘述。

8.3 试题荟萃

8.3.1 拓展练习一

利用"KS\wy"文件夹下的素材(图片素材在"wy\images"文件夹下),按以下要求制作或编辑网页,结果保存在原文件夹下。

1. 打开主页"index.html",设置网页标题为"欢迎来到桂林";设置网页背景图片为"bg.jpg";设置表格属性：居中对齐,边框线宽度、单元格填充和单元格间距都设置为 0。

2. 如图 8-18 的样张所示,合并表格第 1 行第 2 列和第 3 列,输入文字"桂林山水欣赏",设置文字格式的字体为隶书,大小为 36 像素,颜色为"♯325118",粗体,居中显示。

3. 如图 8-18 的样张所示,在第 2 行的第 2 列和第 3 列分别插入图片"guilin1.jpg"和"guilin2.jpg",并设置"guilin1.jpg"超链接到"http://www.guilin.com.cn",在新窗口中打开。

4. 如图 8-18 的样张所示,在第 2 行第 1 列单元格中,添加"美丽的山水""诱人的美食""淳朴的民风"3 个单选按钮(组名为 bg),并在下面添加两个按钮,分别为"提交"和"重置",两个按钮中间插入 2 个半角空格,所有内容居中显示。

5. 如图 8-18 的样张所示,在第 3 行添加水平线,并设置水平线的宽度为 90%,高度 4像素,居中对齐。

注意：图 8-18 所示的样张仅供参考,相关设置按题目要求完成即可。由于显示器分辨率或窗口大小及浏览器的不同,完成后的结果可能与样张图片存在差异。

图 8-18 网页制作拓展练习一样张

8.3.2 拓展练习二

利用"KS\wy"文件夹下的素材(图片素材在"wy\images"文件夹下),按以下要求制作或编辑网页,结果保存在原文件夹下。

1. 打开主页"index.html",设置网页标题为"茶叶的妙用";设置网页背景图片为"bg.jpg";设置表格属性:居中对齐,边框线宽度、单元格填充和单元格间距都设置为0。

2. 如图8-19的样张所示,设置所有单元格的背景颜色为"♯BCCD97";合并第1行第1、2列单元格,设置"茶叶的妙用"的文字格式:字体为方正舒体,大小为36像素。

3. 如图8-19的样张所示,在第3行第2列单元格中插入"cha2.jpg",设置该图像的宽为394、高为310,超链接到"chayedan.html",在新窗口中打开。

4. 如图8-19的样张所示,在第4行第1列中添加表单及相关内容,单行文本域,字符宽度为30,添加"站内搜索"提交按钮,并在其下添加"图片"和"网页"一组单选按钮。

5. 如图8-19的样张所示,在表格第4行第2列中输入"联系我们",并设置E-mail链接至"master@342.net",水平和垂直方向均居中。

注意:图8-19所示的样张仅供参考,相关设置按题目要求完成即可。由于显示器分辨率或窗口大小及浏览器的不同,完成后的结果可能与样张图片存在差异。

图8-19 网页制作拓展练习二样张

8.3.3 拓展练习三

利用"KS\wy"文件夹下的素材(图片素材在"wy\images"文件夹下,动画素材在"wy

\flash"文件夹下），按以下要求制作或编辑网页，结果保存在原文件夹下。

1. 打开主页"index. html"，设置网页标题为"书籍"；设置网页背景图片为"bg. jpg"；设置表格属性：居中对齐，边框线宽度、单元格填充、间距设置为0。

2. 如图 8-20 的样张所示，合并第 1 行第 1～3 列的单元格，并设置标题的文字格式：字体为华文楷体，大小为 36 像素，居中显示。

3. 如图 8-20 的样张所示，分别在第 2、第 3 行的相应单元格中插入"shu1. jpg"和"shu2. jpg"，设置文字"笛卡儿"超链接至"di. html"，并在新窗口中打开。

4. 如图 8-20 的样张所示，输入文字并插入单行文本域，宽度为 25，文本区域，字符宽度 25，行数 5。

5. 如图 8-20 的样张所示，在第 4 行中插入水平线，设置水平线的宽度为 90％，高度为 4；在第 5 行中插入"shu. swf"。

注意：图 8-20 所示的样张仅供参考，相关设置按题目要求完成即可。由于显示器分辨率或窗口大小及浏览器的不同，完成后的结果可能与样张图片存在差异。

图 8-20　网页制作拓展练习三样张

8.3.4　拓展练习四

利用"KS\wy"文件夹下的素材（图片素材在"wy\images"文件夹下），按以下要求制作或编辑网页，结果保存在原文件夹下。

1. 打开主页"index. html"，设置网页标题为"欢迎来到鼓浪屿"；设置网页背景图片为"beijing. jpg"；设置表格属性：居中对齐、边框线宽度为 0，单元格填充为 2、单元格间距为 6。

2. 如图 8-21 的样张所示，设置"鼓浪屿简介"文字格式的字体为华文楷体，大小为 45 像素，颜色为"♯0000FF"、斜体、下画线，设置在该单元格内居中对齐。

3. 如图 8-21 的样张所示,在表格第 2 行第 2 列中的文字前插入 2 个中文全角空格;合并第 3 行的第 1～3 列单元格,调整该单元格高度为 30 像素后插入水平线,宽度为 90%,高度为 5,并设置水平线的颜色为"♯FF0000"。

4. 在表格第 5 行第 3 列单元格中,按照图 8-21 所示的样张添加表单及相关内容并居中,"账号"单行文本域、"密码"单行文本域,账号和密码的宽度都为 15 字符,并在下面添加两个按钮,分别为"提交"和"重置";设置第 4 行的 2 个单元格颜色分别为"♯FFFF00"及"♯00FFFF",内容居中。

5. 如图 8-21 的样张所示,在表格第 2 行第 1 列中插入图片"t03.jpg",设置宽为 300、高为 190;为表格第 5 行第 2 列中的文字"更多"设置超链接到"www.baidu.com",在新窗口中打开;在"版权所有鼓浪屿旅游网"文字中插入版权符号©。

注意:图 8-21 所示的样张仅供参考,相关设置按题目要求完成即可。由于显示器分辨率或窗口大小及浏览器的不同,做出的结果可能与样张图片存在差异。

图 8-21　网页制作拓展练习四样张

图书资源支持

感谢您一直以来对清华版图书的支持和爱护。为了配合本书的使用，本书提供配套的资源，有需求的读者请扫描下方的"书圈"微信公众号二维码，在图书专区下载，也可以拨打电话或发送电子邮件咨询。

如果您在使用本书的过程中遇到了什么问题，或者有相关图书出版计划，也请您发邮件告诉我们，以便我们更好地为您服务。

我们的联系方式：

清华大学出版社计算机与信息分社网站：https://www.shuimushuhui.com/

地　　址：北京市海淀区双清路学研大厦 A 座 714

邮　　编：100084

电　　话：010-83470236　010-83470237

客服邮箱：2301891038@qq.com

QQ：2301891038（请写明您的单位和姓名）

资源下载：关注公众号"书圈"下载配套资源。

资源下载、样书申请

书圈

图书案例

清华计算机学堂

观看课程直播